Rationelle mechanische
Metallbearbeitung

Rationelle mechanische
Metallbearbeitung

Gemeinverständliche Anleitung zur Durchführung einer
Normalisierung und rationellen Serienfabrikation
zum Gebrauch in Werkstatt und Büro

verfaßt von

Martin H. Blancke
Konsultierender Ingenieur für Fabrikation, Berlin

Mit 34 Textfiguren

Berlin
Verlag von Julius Springer
1911

ISBN-13: 978-3-642-98801-1 e-ISBN-13: 978-3-642-99616-0
DOI: 10.1007/ 978-3-642-99616-0

Alle Rechte, insbesondere
das der Übersetzung in fremde Sprachen,
vorbehalten.

Vorwort.

Meine Tätigkeit als konsultierender Ingenieur für Fabrikation hat mich in die verschiedensten Betriebe geführt und hat mir bei meinen reorganisatorischen Arbeiten Gelegenheit gegeben zu erkennen, woran es in den weitaus meisten Fällen fehlt. Immer und immer wieder konnte ich beobachten, daß das Grundübel in der mangelnden Einheitlichkeit der Konstruktionen liegt, die, weit davon entfernt eine Normalisierung der Einzelteile ohne weiteres zuzulassen, an eine Art von Massenfabrikation überhaupt gar nicht denken ließ. Meist war es mir daher nur möglich, ganz allmählich und schrittweise vorzugehen, mit dem Einfachsten zu beginnen und in kürzerer oder längerer Zeit das Verständnis für diese ersprießliche und nutzbringende Arbeit zu wecken.

Das Althergebrachte hat nun einmal im Menschen eine große Macht, und daher sind gerade solche umwälzenden Arbeiten mit großen, oft langwierigen Schwierigkeiten verknüpft.

Der Zweck des vorliegenden Werkchens soll nun sein, der gedeihlichen Weiterentwicklung unserer Industrie die Wege zu ebnen und den Gedanken der rationellen mechanischen Metallbearbeitung in breitere Schichten zu tragen.

Naturgemäß mußte ich dabei auch einige Gebiete behandeln, die nur mittelbar zur Fabrikation an sich gehören, wie Organisation, Kalkulation und Abschreibungen. Diese Teile sind aber nicht erschöpfend, sondern nur allgemein behandelt, bilden jedoch ein sehr wichtiges Glied in der Kette der einzelnen Kapitel.

Auch konnte ich nicht genaue Vorschriften oder Normen geben, wie die Reorganisation eines Betriebes vorzunehmen ist, denn es liegt im Wesen der Sache, daß in jeder Fabrik entsprechend ihrer Eigenart individuell vorgegangen werden muß. Ist es mir doch bisher niemals möglich gewesen, auch nur einmal wieder den gleichen Weg bei meinen Arbeiten zu beschreiten.

Was ich habe geben können, sind daher nur Anregungen, manchem nichts Neues bietend, aber vielen vielleicht eine Hilfe im Beruf und Mittel und Wege zeigend, wie längst erkannten Übeln abzuhelfen ist.

So hoffe ich denn, daß dieser oder jener Industrielle, Ingenieur, Techniker oder Werkmeister erkennen möge, daß auch im kleinsten Betriebe und bei größter Vielseitigkeit der Artikel eine rationelle Fabrikation in größeren Serien als bisher möglich ist, und daß er der großen Vorteile moderner Massenfabrikation teilhaftig werden kann.

Berlin, im Januar 1911.

Martin H. Blancke.

Inhaltsverzeichnis.

Seite

Organisation der Fabrikverwaltung 1

Abschreibung des Werkzeugmaschinen-Parkes 9

Normalisierung und Massenfabrikation 14

Richtige Anzahl der Werkzeugmaschinen 29

Einige Gründe für den Niedergang älterer Betriebe 32

Rentabilitätsberechnung für Fabrikationsvorrichtungen 34

Beispiele von Hilfsmitteln zur Durchführung der Massenfabrikation . 38

Konstruktion von Spezialwerkzeugen 43

Vergleichende Arbeitsmethoden 52

Liefertermine und Akkorde 58

Anfertigung und Aufbewahrung der Konstruktionszeichnungen . . . 64

Organisation der Fabrikverwaltung.

Ein Fabrikgeschäft wird, wie schon aus dem Wort Geschäft hervorgeht, des materiellen Gewinnes wegen betrieben. Um diesen Gewinn aber so groß wie möglich zu gestalten, ist das größte Interesse aller Mitarbeiter am Geschäft unbedingt erforderlich. Man wird dies am vollkommensten dadurch erreichen, daß man so viel Beamte als möglich am Gewinne beteiligt, weil ja die Arbeitsfreudigkeit eines jeden Menschen durch den materiellen Erfolg belebt wird. Die Beamten müssen also Gelegenheit haben, direkt auf die Vergrößerung des Verdienstes einzuwirken, und dazu muß ihnen möglichst viel Selbständigkeit und Verantwortlichkeit eingeräumt werden, allerdings nur unter einer gewissen Kontrolle.

Da nun aber eine größere Anzahl von Beamten gebraucht wird, so muß die Fabrik in einzelne, voneinander vollständig getrennt arbeitende Abteilungen geteilt werden, von denen jede einem Beamten unterstellt ist.

Die Teilung des Fabrikgeschäftes, dem eine Gesamtverwaltung vorsteht, hat in zwei Hauptgruppen zu erfolgen, nämlich in eine Handelsabteilung und in eine Fabrikationsabteilung, beide sind wieder in Unterabteilungen zu trennen. Diese Trennung muß derartig sein, daß jede Abteilung vollständig selbständig arbeiten kann, indem sie entweder Fertigfabrikate oder zur Bearbeitung fertige Rohprodukte, wie zum Beispiel Rohguß, Halbfabrikate oder Fertigfabrikate liefert. Jedoch ist die Teilung nicht schematisch vorzunehmen, sondern der jeweiligen Eigenart des Betriebes anzupassen.

Da nun die Mehrzahl der Fabriken meistens nicht nur einen einzigen, sondern mehrere verschiedene Artikel nebeneinander fabriziert, so wird die Teilung in Unterabteilungen von den Fabrikationsartikeln abhängig sein. Jeder Betriebsleiter wird bereits erkannt haben oder sofort einsehen, wie unvorteilhaft es ist, bei einem Mangel an Fabrikationsunterabteilungen viele verschiedenartige Stücke nebeneinander in einer Werkstatt zu fabrizieren, denn der Arbeiter stellt bald diesen bald jenen Teil her, muß seine Maschine häufig umstellen, kann daher nicht so viel fabrizieren, als wenn er immer gleiche oder ähnliche Teile zu bearbeiten hätte. Diese Arbeitsweise ist also nicht nur für den Arbeiter, sondern in weit höherem Maße für den Fabrikanten selbst ungünstig.

Man sollte daher die Bearbeitung der verschiedenen Artikel vollständig getrennt vornehmen lassen und dadurch besondere Abteilungen schaffen, von denen sich jede als selbständiges Geschäft anzusehen hat. Weil nun jede Abteilung nur eine gewisse Art von Artikeln fabriziert, wird sich die Produktion naturgemäß bald vermehren. Die Arbeiter selbst werden geschickter werden, da sie immer wieder dieselben Stücke zu bearbeiten haben, und können unter Umständen sogar Verbesserung an den Fabrikationsmethoden vorschlagen. Auch das Interesse des Abteilungsvorstehers und seiner Beamten wird sich vermehren.

Um aber die Selbständigkeit der Abteilungen noch mehr zu heben, haben sie den Einkauf der Rohmaterialien, des Rohgusses oder der Halbfabrikate allein vorzunehmen und zwar, falls die benötigten Teile in der eigenen Fabrik hergestellt werden, bei den betreffenden Abteilungen, und, falls fremde Waren in Betracht kommen, bei der Einkaufsabteilung.

Da nun nicht jede Abteilung selbst Kraft, Licht oder sonstige zur allgemeinen Aufrechterhaltung eines Betriebes notwendigen Erfordernisse liefern oder herstellen kann, so ist hierfür ein besonderes Ressort zu schaffen, ich bezeichne es mit Unkosten- oder Betriebsabteilung. Diese Unkostenabteilung liefert Kraft und ihre Übertragungsvorrichtungen, Licht, Heizung, Spezialwerkzeuge, veranlaßt Reparaturen an Werkzeugmaschinen, besorgt kleine bauliche Veränderungen, Kanalisation, Wasserleitung, Telephon, Fabrikbahn usw. und belastet die betreffenden Abteilungen für das Gelieferte.

Dieses Ressort kann für das Werk besonders vorteilhaft sein. Wie später gezeigt wird, übt es einen heilsamen Einfluß auf die Verringerung der Unkosten aus und verhindert gleichzeitig, daß allgemeine Betriebsanlagen, Rohrleitung, Telephon und vieles andere ohne einheitliches System eingerichtet werden, wie man das in alten Fabriken häufig sehen kann. Und da alle diese Arbeiten durch eine Hand gehen, ist es nicht möglich, daß sich Meister und Unterbeamte, wie es so sehr beliebt ist, nach ihrem Ermessen Extraarbeiten zu ihrer eigenen Bequemlichkeit machen lassen.

Eine weitere Abteilung der Fabrikationsabteilung, obgleich mehr kaufmännischer Natur, ist die schon erwähnte Einkaufsabteilung. Sie gehört jedoch zur Fabrikationsabteilung, da diese in der Tat auch Fabrikationsartikel liefert, entweder in Form von Rohmaterialien oder in Form von halbfertigen Waren, die von anderen Firmen bezogen werden, deren Fabrikation im eigenen Betriebe sich nicht lohnt.

Ein Teil dieser Einkaufsabteilung ist die Materialverwaltung; sie dient als Lager für Produkte, die von mehreren Abteilungen gebraucht werden. Selbstverständlich dürfen Materialien nur gegen richtig ausgestellten und unterschriebenen Bestellschein ausgehändigt werden und am Monatsende müssen den einzelnen Abteilungen Rechnungen über gelieferte Waren ausgestellt werden.

Das Amt des Einkäufers ist aber nicht leicht. Neben kaufmännischer Gewandtheit muß der Einkäufer genau beurteilen können, ob die gekauften Rohmaterialien, wie Gußeisen, Stahl, Metall, ferner Werkzeug, Öl usw., für die eigene Fabrikation wohl geeignet sind und den gestellten Anforderungen in jeder Weise entsprechen.

Die Gießereien werden zum Beispiel schlechtes Roheisen oder schlechten Koks nicht akzeptieren, da ihnen seitens der anderen Fabrikationsunterabteilungen auch die Abnahme von porösem oder schlechtem Guß verweigert wird.

Da aber der Einkäufer alle Zweige der Werkzeug- und Materialbranche nicht beherrschen und sich daher nicht immer auf sein eigenes Urteil verlassen kann, zum Beispiel beim Einkauf von Roheisen, so ist der betreffende Abteilungschef um seine Meinung über Qualität und Quantität des zu kaufenden Materials zu befragen.

Der Abschluß selbst wird aber vorteilhaft durch den Vorsteher der Einkaufsabteilung gemacht, da diesem in solchen Geschäften die größere Erfahrung zur Seite steht. Ausnahmen von diesem Gebrauch sollten nur in sehr großen Werken vorkommen, denn nur diese können in jeder Abteilung routinierte Kaufleute haben, die vorteilhafte Abschlüsse zu zeitigen verstehen.

Wie die Fabrikationsunterabteilungen untereinander, so belasten auch die Einkaufsabteilungen die einzelnen Unterabteilungen für die gelieferten Waren.

Der Vorteil dieser Zentralisierung des Einkaufes in einer Hand läßt sich ohne weiteres nachweisen. Man erreicht nicht nur, daß in jeder Weise erstklassige Waren eingekauft werden, sondern das Einkaufsbureau ist außerdem auch in der Lage, umfangreiche und dadurch vorteilhafte Einkäufe zu machen, da der Jahresbedarf aller Materialien usw. leicht festgestellt werden kann. Auch langfristige Abschlüsse auf Abruf sind häufig zu empfehlen.

Eine Bezugsquellenkarthothek wird hier glänzende Dienste leisten, und die Lieferanten aller Artikel sind stets leicht zu finden. Kurze Notizen über Preise, Lieferfristen, Rabattsätze, sowie über die Fähigkeiten der einzelnen Firmen vervollständigen dann das Bild und erleichtern die Arbeit an Hand dieser Angaben. Ist die Kartothek gewissenhaft und eingehend geführt, so bringt ein Wechsel in der Person des Einkäufers keine Schwierigkeiten mit sich, da das vorhandene Material in kürzester Zeit über alle Fragen Aufschluß gibt.

Wie bereits erwähnt, ist die Trennung der einzelnen Ressorts derartig, daß solche Fabrikate, die eine Abteilung von der andern braucht, dieser gewissermaßen abgekauft werden müssen. Da ja aber alle Abteilungen zu einem Ganzen gehören, so müssen die Preise, die gegenseitig berechnet werden, von der Generalverwaltung festgesetzt sein.

Nun kann aber nicht jeder Einzelpreis von vornherein fixiert werden, daher hat die Verwaltung den einzelnen Abteilungen die Kalkulation selbst zu überlassen und bestimmt nur den Prozentsatz, der bei den einzelnen Artikeln oder Arbeitsmethoden zum Ausgleich der Unkosten usw. auf die Arbeitslöhne aufgeschlagen werden soll. Die Preise, die sich die einzelnen Abteilungen gegenseitig berechnen, setzen sich somit zusammen aus: Material, Arbeitslöhnen und Unkostenaufschlag, ohne Gewinnaufschlag. Dieser Unkostenprozentsatz ist in bestimmten Zeitabschnitten von neuem festzustellen, da er sich durch Wechsel in den Arbeitsmethoden, Gehaltsveränderungen u. a. m. leicht verschieben kann.

Hier ist nun den Beamten Gelegenheit gegeben, auf den Verdienst einzuwirken. Die Gewinnbeteiligung soll jedoch nur am Verdienst der speziellen Abteilungen erfolgen und nicht an dem des ganzen Geschäftes, denn sonst könnten die Unfähigen mühelos durch die Intelligenz und Arbeit anderer Beamten ihre Einnahme vergrößern. Da aber die Abteilungen einen Gewinnaufschlag auf ihr Fabrikat nicht machen dürfen, so ist ihnen nur die Möglichkeit gegeben, ihren Verdienst nur durch Verringerungen der Unkosten zu erhöhen. Es versteht sich freilich ganz von selbst, daß bei dieser Art der Gewinnbeteiligung der Prozentsatz ein höherer sein muß, als wenn die Tantieme vom Gesamtgewinne ausgezahlt würde, denn der Gewinn ergibt sich ja nur aus der Differenz der tatsächlichen Unkosten und dem erlaubten Unkostenaufschlag.

Aber gerade diese Art der Gewinnbeteiligung zwingt jeden, auch die Unterbeamten, zu ernster Arbeit und großer Aufmerksamkeit, und jeder wird bestrebt sein, die Unkosten so viel wie möglich herabzumindern. Dazu gehören in erster Linie erstklassige Spezialwerkzeuge und Hilfsvorrichtungen. Es wird sich mithin das allgemeine Bedürfnis geltend machen, Einrichtungen aller Art zu schaffen, die die Produktionskosten verringern.

Aber nicht nur nach dieser Richtung hin wird sich ein Bestreben bemerkbar machen, sondern man wird auch versuchen, an den direkten Ausgaben zu sparen, und das ist nur möglich mit Hilfe der Rechnungen der bereits erwähnten Betriebsabteilung und Einkaufsabteilung.

Die Meister schon werden Sorge tragen, das keine Lampe unnötig brennt, mit dem Werkzeug gut umgegangen wird, nicht zu viel Öl, Putzwolle und anderes mehr gebraucht wird, daß Metallspäne sorgfältig gesammelt werden, kurz, daß alles geschieht, was die Einnahmen des einzelnen heben kann.

Damit nun aber die Unterabteilungen auch ihre Rechnungen richtig aufstellen und selbst kontrollieren können, haben sie an Hand der Akkord- und Arbeitszettel die Lohnrechnung selbständig auszuführen. Falls aber diese oder jene Abteilung nicht groß genug ist, hierfür einen Beamten ausschließlich zu beschäftigen, so kann derselbe außerdem einerseits für andere Arbeiten, zum Beispiel zum Ausschreiben von Akkordzetteln, andererseits von mehreren Abteilungen nacheinander zur Lohnrechnung verwendet werden.

Nur ist in diesem Falle das Gehalt dieses Beamten den einzelnen Unterabteilungen entsprechend der geleisteten Arbeit zu belasten. Die zu zahlenden Löhne werden am besten gleich in

Form fertiggestellter Lohnbeutel der Kasse aufgegeben, die zur Gesamtverwaltung gehört, und hier wird die Lohnzahlung inkl. Krankengeld, Invaliditäts- und Altersversicherung sowie Strafabzügen vollständig fertig gemacht. Hierbei leistet eine Lohnzahlmaschine gute Dienste. Die gezahlten Löhne werden auch wieder den einzelnen Unterabteilungen belastet.

Wie aus dem Vorhergehenden zu sehen ist, kann den Beamten nur große Verantwortlichkeit übertragen werden, wenn man ihnen so viel Selbständigkeit gibt wie nur irgend möglich. Das schließt jedoch nicht aus, daß die Direktion ihre Beamten kontrolliert, ja es soll sogar ständig eine Kontrolle über die Tätigkeit der Angestellten ausgeübt werden. Ob aber die Beamten tüchtig sind und ihre Schuldigkeit tun, läßt sich leicht aus dem Verdienst erkennen, und da die Fabrik in Abteilungen getrennt ist und jede Abteilung für sich den Verdienst feststellt, so kann man sehr leicht erkennen, in welcher Abteilung vorteilhaft gearbeitet wird oder nicht. Im wesentlichen ist ja der Verdienst einer Abteilung von der Fähigkeit des betreffenden Abteilungsvorstehers und seiner Beamten abhängig. Jeder Abteilungsvorsteher kann sich aber über seine eigenen Beamten das beste Urteil bilden. Aus diesem Grunde ist es wünschenswert, dem Abteilungsvorsteher im Engagement seiner Angestellten freie Hand zu lassen. Wenn er seine Beamten zu teuer bezahlt oder wenn diese unfähig sind, so hat er selbst darunter zu leiden, weil dadurch sein eigener Verdienst geschmälert wird. Die Direktion beschränke sich im wesentlichen nur darauf, die Vorsteher der einzelnen Abteilungen zu kontrollieren, wie zum Beispiel durch häufige Konferenzen, in denen sich die Abteilungsvorsteher beraten und die wichtigsten Angelegenheiten durchsprechen. Die hauptsächlichste Kontrolle aber, die seitens der Direktion ausgeübt werden kann, geschehe durch monatlich aufgestellte Rohbilanzen, welche im allgemeinen ein klares Bild über die Monatstätigkeit der einzelnen Abteilungen geben. Diese Rohbilanzen sind nicht nur für die Kontrolle seitens der Direktion vorteilhaft, sondern sie machen auch den Abteilungen selber klar, ob der richtige Weg eingeschlagen wurde oder nicht; sehr leicht läßt sich auf diese Weise mancher Fehler wieder gut machen. Jedoch gibt erst die am Jahresschluß aufgestellte Bilanz genauen Aufschluß über den Verdienst der einzelnen Abteilungen und somit auch über den Verdienst der Beamten.

Bis hierher habe ich nur von der Fabrikationsabteilung gesprochen, aber der Betrieb eines Fabrikationsgeschäftes ist ohne kaufmännische Hilfe nicht möglich. Wir erhalten somit eine neue Hauptabteilung, welche ich mit Handelsabteilung bezeichne. Dieses Ressort zerfällt im wesentlichen in eine Verkaufsabteilung und in eine technische Abteilung. Beide haben Hand in Hand zu arbeiten.

Der Verkaufsabteilung liegt ob, den Umsatz so groß wie möglich zu gestalten. Hierzu bedarf sie erstklassiger Konstruktionen, und diese hat ihr die technische Abteilung zu liefern. Alle Anfragen, welche die Verkaufsabteilung seitens der Kundschaft erhält, sind, falls technische Hilfe dazu notwendig ist, unter Beistand der technischen Abteilung zu erledigen. Weil nun aber auch hier die Trennung in Abteilungen vorgenommen ist, deren jede selbständig arbeitet und verdient, hat die Verkaufsabteilung der technischen Abteilung die ihr geleistete Arbeit zu vergüten. Selbstverständlich ist auch hier ein gewisser Einheitssatz, der in Rechnung zu stellen ist, festgelegt. Hierfür können ähnliche Gesichtspunkte in Anwendung kommen, wie in der Gebührenordnung für Architekten und Ingenieure, und je schneller und besser hier gearbeitet wird, desto größer ist dann der Verdienst auch dieser Abteilung.

Um aber in der technischen Abteilung das Interesse am Geschäft noch mehr zu steigern, sollte man dem Erfinder von patentierten Konstruktionen eine gewisse Provision am Verkauf gewähren, hierbei hat jedoch der Oberingenieur sehr wachsam zu sein, daß nicht die „Erfinderkrankheit" unter seinen Ingenieuren ausbricht, außerdem hat er sich stets eines unparteiischen und sachgemäßen Urteils zu befleißigen, damit schon vor der Anmeldung zum Patent eine gewissenhafte Trennung zwischen den guten und für das Geschäft nutzbringenden und den schlechten Konstruktionen vorgenommen wird.

Aber auch in der technischen Abteilung ist eine Trennung in Unterabteilungen vorzunehmen, es soll hier, entsprechend den Fabrikationsunterabteilungen, eine Anzahl von Beamten immer wieder die gleiche oder ähnliche Art von Apparaten und Maschinen konstruieren, mit einem Wort, die Konstrukteure sollen spezialisiert arbeiten.

Bei den heutigen hohen Anforderungen an die Technik ist

eine solche Spezialisierung unerläßlich, denn nur der Spezialist, der sein Wissen und Können auf einen Punkt konzentriert, ist imstande, alle sein Gebiet betreffenden Fragen in erschöpfender Weise zu beantworten.

Wenn nun aus dem technischen Bureau die Konstruktionen usw. an die Verkaufsabteilung zurückgekommen sind, so hat diese bei den Fabrikationsabteilungen die Preise hierfür anzufragen und zwar am besten in der Weise, als ob Verkaufsabteilung und Fabrikationsabteilung zwei getrennte Geschäfte wären. Selbstverständlich hat die Fabrikationsabteilung sich fest an die einmal abgegebenen Preise zu halten, somit in der Vorkalkulation eventuell gemachte Fehler zu tragen.

Der Verkauf der Fabrikate liegt ausschließlich in den Händen der Verkaufsabteilung, infolgedessen hat auch diese allein die Verkaufspreise zu bestimmen. Sie hat aber auch für genügenden Absatz zu sorgen, Reisevertreter, Agenten usw. anzustellen und Reklame zu machen.

Der allgemeine Geschäftsgang ist nun ungefähr folgender: Die Bestellungen laufen bei der Handelsabteilung der Firma ein; sind technische Fragen zu erledigen, so wird, wie bereits oben beschrieben, gehandelt, und ist der technische Teil erledigt, so bestellt die Handelsabteilung die Waren bei der Verwaltung der Fabrikationsabteilung. Von hier aus werden die Bestellungen den betreffenden Fertigfabrikationsunterabteilungen überwiesen. Jede Unterabteilung bestellt alsdann die in der Fabrik hergestellten und zur Bearbeitung fertigen Rohmaterialien, zum Beispiel Rohguß oder Schmiedeteile, bei den betreffenden Unterabteilungen. Werden Einzelteile benötigt, die in der Abteilung für Halbfabrikate oder, besser gesagt, in der Abteilung für Massenfabrikation herzustellen sind, so werden dieser Abteilung die Halbfabrikate in Auftrag gegeben. Da nun die Besteller die in Auftrag gegebene Lieferung auch selber bezahlen müssen, so werden sie eine scharfe Kontrolle ausüben und nicht nach Wunsch Ausgefallenes zurückweisen.

Wenn in diesem Falle die betreffende Abteilung ihren Rohguß oder ihre Halbfabrikate nicht selbst bezahlen müßte, so würde diese Kontrolle viel weniger exakt ausgeführt werden und infolgedessen die Güte des Fabrikates schwer darunter leiden. Auch hier wieder ersieht man die außerordentliche Wichtigkeit einer derartigen Organisation. Sind nun die Maschinen oder Apparate fertiggestellt, so werden sie von der betreffenden Fertigfabrikatunterabteilung an ihre Verwaltung abgeliefert. Hier wird die Ware wieder kontrolliert und geht dann mit der bereits von der Unterabteilung ausgeschriebenen Rechnung an die Handelsabteilung zur Expedition. Diese Handelsabteilung berechnet ihrerseits den Kunden den vereinbarten Verkaufspreis, und der Kunde zahlt seine Rechnung an die Kasse der Gesamtverwaltung. Bei dieser Kasse fließen überhaupt sämtliche von den einzelnen Abteilungen ausgestellten Rechnungen zusammen, und hier findet auch die Buchhaltung des ganzen Geschäftes statt.

Außerdem wird sich ein weiterer, sehr wesentlicher Vorteil dieser Organisation herausstellen, der der Fabrikation zugute kommt. Um billiger zu fabrizieren, wird sich eine spezielle Abteilung der Halbfabrikate oder, wie ich sie vorher schon genannt habe, Abteilung für Massenfabrikation, herausbilden. Diese Abteilung wird stets bestrebt sein, sich zu vergrößern, um den andern Fabrikationsunterabteilungen so viel Ware als möglich liefern zu können. Sie wird daher versuchen, schon im Konstruktionsbureau einen gewissen Einfluß geltend zu machen, der dahin geht, die Einzelteile so zu konstruieren, daß sie ohne jede Nacharbeit zu verschiedenen Größen einer Maschine oder eines Apparats oder selbst zu mehreren Typen verwendet werden können. Sie wird also „Normalien der eigenen Fabrik" schaffen, und das ist für jede Fabrik von der allergrößten Wichtigkeit. Durch rationelle Massenfabrikation ist diese Abteilung in der Lage, alle Einzelteile viel billiger herzustellen, als sie von den Abteilungen für Fertigfabrikate je fabriziert werden können.

Durch eine solche Organisation ist es also nicht nur möglich, besser und in größeren Mengen zu fabrizieren, sondern auch rationeller, was die Grundbedingung zur Vergrößerung des Verdienstes ist.

Abschreibung des Werkzeugmaschinen-Parkes.

Eine der wichtigsten Fragen zur Ermittlung des wirtschaftlichen Ergebnisses einer Maschinenfabrik ist wohl die der Abschreibungen an den Werkzeugmaschinen. Trotzdem aber habe ich bei meinen verschiedenen Revisionen und Reorganisationen die erstaunlichste Unkenntnis in diesen Fragen bei den maßgebenden Persönlichkeiten gefunden. Teilweise waren besonders die Sätze, welche abgeschrieben wurden, ganz falsch normiert. Als Hauptübel ist es m. E. anzusehen, daß die Abschreibungsquoten meistens von Kaufleuten festgesetzt werden, oder aber, daß die mit der Festsetzung dieser Quoten betrauten Ingenieure zu wenig von dem Werkzeugmaschinenwesen an sich verstehen. Es ist ganz klar, daß die verschiedenen und verschiedenartigen Maschinen des Werkzeugmaschinenparkes eines Betriebes nicht gleichmäßig abgeschrieben werden dürfen, geschweige denn, daß man für eine bestimmte Gattung von Werkzeugmaschinen verschiedener Betriebe einen ständig anwendbaren Satz festsetzen könnte. Hierzu kommt, daß für einen Kaufmann oder Laien auf dem Gebiete der Werkzeugmaschinen und Werkzeuge schon schwer zu beurteilen ist, ob es sich in den einzelnen Fällen um eine Maschine handelt, welche im verflossenen Geschäftsjahr wenig oder stark abgenutzt worden ist, was sich nach dem Beschäftigungsgrade des Unternehmens richtet, und zu beurteilen, in welcher Zeit diese oder jene Maschine für die Fabrikation unbrauchbar werden wird.

Am leichtesten liegt immer noch der Fall, wo es sich um allgemeinen Maschinenbau handelt, wo also Spezialmaschinen und Spezialwerkzeuge, sowie Automaten keine Verwendung finden können. Allerdings ist hierbei auch zu berücksichtigen, ob man zum Beispiel auf einer sehr langen Drehbank nur kurze Arbeiten verrichtet, wodurch naturgemäß dieser ständig gebrauchte Teil der Bank stark abgenutzt wird und somit bald nicht mehr den gewünschten Grad der Genauigkeit aufweist.

Ganz anders und viel schwieriger liegt schon der Fall in Fabriken, wo es sich um teilweise oder ausgesprochene Massenfabrikation handelt. Bei der teilweisen Massenfabrikation sind nur einige Maschinen stark beansprucht, speziell aber die dazu benötigten Werkzeuge. Weit mehr gilt dies aber bei den ausgesprochenen Massenfabrikationen, wo unter Zuhilfenahme von Automaten und fein ausgeklügelten Spezialwerkzeugen fabriziert wird.

Der in Amerika vielfach vertretene Grundsatz, eine Maschine so stark zu beanspruchen, und so viel aus ihr wie nur irgend möglich herauszuholen, ist leider bei uns nicht vertreten, aus dem Grunde, weil man hier die Maschinen nicht so schnell wie dort erneuern will. Der Amerikaner sagt: „Je eher meine Maschine durch die normale Arbeitsbeanspruchung unbrauchbar geworden ist, um so mehr verdiene ich" und scheut sich dann auch nicht, sobald er einmal die Maschine als für seine Zwecke nicht mehr geeignet hält, sie zu einem mäßigen Preis zu verkaufen oder einzuschmelzen, um eine neue, bessere Maschine einzustellen.

Ich kenne aus meiner Praxis einen Fall, wo ein Fabrikant seine Fabrik, in welcher ein Spezialartikel hergestellt wurde, mit den besten Maschinen seinerzeit ausgerüstet hatte. Plötzlich kam nach wenigen Jahren eine neue Maschine auf den Markt, welche den bisherigen bei weitem überlegen war. Hier besann er sich nicht lange, ob er die neuen Maschinen aufstellen sollte, sondern ersetzte kurzerhand seinen ganzen Maschinenpark durch die neuen, bedeutend rationeller arbeitenden Maschinen.

Wie soll man nun in einem derartigen Falle die Abschreibung bemessen?

Für gewöhnliche Drehbänke zum Beispiel kann man selbstverständlich eine verhältnismäßig lange Lebensdauer, sagen wir etwa zehn Jahre, annehmen, weil diese Konstruktionen sich in kurzen Zeiträumen nicht so stark verbessern werden, daß ihre Anwendung völlig unrationell erscheinen würde. Das Gleiche gilt von Bohr- und Hobelmaschinen und den sonstigen normalen Werkzeugmaschinentypen. Wenn aber eine dieser Maschinen mehr als zehn Jahre in einem Betriebe steht, dann sollte sie eigentlich mit nicht mehr als einer Mark zu Buch stehen, weil sie alsdann trotz wiederholter Reparaturen nicht mehr auf ihrer Höhe steht und vor allem Präzisionsarbeit nicht mehr liefern kann.

Anders liegt der Fall zum Beispiel schon bei den Revolverdrehbänken. Hier ist immerhin die Überholung der Konstruktion möglich, worauf bei der Abschreibung Rücksicht zu nehmen ist, denn man soll in der Lage sein, falls eine bedeutend vorteilhafter arbeitende Maschine auf den Markt kommt, diese ohne finanzielle Schwierigkeit in dem Betriebe einzustellen.

Diejenigen Maschinentypen, die am raschesten abgeschrieben werden sollten, sind aber die Spezialmaschinen und Automaten. Erstere sind im allgemeinen einmalige Ausführungen, die konstruktiv in kurzer Zeit bedeutend überflügelt werden können. Ist es doch ein Erfahrungssatz, daß man im allgemeinen eine einmal gebaute Spezialmaschine schon bei der zweiten Ausführung wesentlich verbessern könnte.

Es ist aber auch der Fall denkbar, daß ein Spezialartikel, der auf einer solchen Spezialmaschine hergestellt wird, sich selbst konstruktiv verändert, schon wegen des allgemeinen Fortschrittes, und dann kann natürlich die Maschine für den gedachten Zweck unbrauchbar werden. Auch hierauf muß man bei der Bemessung der Abschreibungsquoten Rücksicht nehmen.

Ähnlich liegt der Fall bei den Automaten, sofern dieselben keine Universalmaschinen darstellen; jedoch auch bei diesen letzteren sollte man hohe Abschreibungen wählen, weil diese Maschinen ja so stark beansprucht werden sollen, daß nicht nur an Arbeitslohn gespart, sondern auch die Produktion wesentlich gesteigert wird.

Die Abschreibung muß eben in weiser Erwägung zwischen der Leistungsfähigkeit und der Lebensdauer des zu fabrizierenden Artikels mit in Rechnung gezogen werden.

Zu den Werkzeugmaschinen treten noch die Spezialwerkzeuge und Fabrikationsvorrichtungen, bei denen dieselben Erwägungen maßgebend sind, wie ich solche über Spezialmaschinen und Automaten erläutert habe. Bei dem allgemeinen Werkzeug, welches nicht von der Konstruktion des Fabrikationsartikels abhängig ist, kommt neben der Abnutzung durch den Gebrauch noch das Unbrauchbarwerden durch Bruch oder unsachgemäße Behandlung hinzu.

Wie steht es nun mit den Reparaturen, die an den Werkzeugmaschinen usw. vorgenommen werden. M. E. sind Reparaturen sowie kleine Erneuerungen direkt über Unkosten zu verbuchen, aus dem Grunde nämlich, weil sie keinen neuen Vermögensbestand bilden resp. schaffen, sondern weil sie einen Vermögensbestandteil auf brauchbarer Höhe erhalten sollen. Damit aber die durch Reparaturen gesteigerten Betriebs- oder Fabrikationsunkosten nicht den Jahren zur Last fallen, in denen nur die Reparaturen ausgeführt, nicht aber veranlaßt worden sind, stelle man jährlich einen Betrag zu diesem Zwecke zurück, der sich nach dem Beschäftigungsgrade des Werkes richten muß; denn naturgemäß werden in Zeiten der Überbeschäftigung mehr Reparaturen veranlaßt und weniger ausgeführt als in stillen Zeiten.

Spezialwerkzeuge und Fabrikationsvorrichtungen über Unkosten wegzubuchen, halte ich für falsch, weil sie neue Werte darstellen; allerdings wird niemand etwas dagegen haben können, wenn als ihr Wert nur Material und Arbeitslohn angesehen wird, d. h. wenn die auf die Arbeitslöhne entfallenden Fabrikationsunkosten bei der Bestimmung des Wertes des betreffenden Objektes nicht mit in Anrechnung kommen.

Holzmodelle sollten in jedem Jahr auf eine Mark heruntergeschrieben werden. Sie bilden meistens einen irrationellen Wert, da sie im allgemeinen nur einmal ausgeführt, oft sogar nur ein einziges Mal abgeformt werden und außerdem sehr feuergefährlich sind. Wenn dann wirklich einmal im Modellager ein Brand ausbricht, so ist durch die Abschreibung der Verlust völlig gedeckt und die Feuerversicherungssumme kann als Äquivalent für die teilweise Lahmlegung des Gießereibetriebes angesehen werden. Vielfach wird aber ein Modellkonto in der Bilanz gar nicht aufgeführt, sondern die Modelle verschwinden über Unkostenkonto. Dies ist m. E. falsch, und bei Firmen, welche die Gesellschaftsform haben, werden sich die Aktionäre oder Gesellschafter kaum ein derartiges Manöver gefallen lassen, weil sie dann gar keine Kontrolle über die Unkosten haben. Freilich gibt es Steuerbehörden, die eine Abschreibung von 100% für unzulässig halten und aus diesem Grunde werden teilweise solche Buchungen, wie oben erwähnt, mit stichhaltigem Grunde vorkommen.

Im allgemeinen sind hohe Abschreibungen, soweit sie gerechtfertigt sind und für die Gesellschaft eine stille Reserve bilden, nur zu befürworten.

Aber teilweise weiß man gar nicht, wie die durch Abschreibungen erhaltenen stillen Reserven richtig anzuwenden sind, nämlich um einen alten Maschinenpark durch neue Maschinen zu ersetzen, sondern man wurschtelt lieber in der alten Weise fort, ungeachtet des ständig wachsenden wirtschaftlichen Niederganges. Man ist teilweise nicht in der Lage, sich den durch Aufstellen neuerer und besserer Maschinen zu erzielenden Mehrgewinn richtig zu berechnen.

Und dennoch ist das eine so wichtig wie das andere. Richtige und sachgemäße Abschreibungen, die vom Fachman festgesetzt sind, verbunden mit zeitgemäßer, ständiger aber schrittweiser Verbesserung des Maschinenparkes und der Fabrikationsmethoden sind die Hauptfaktoren, um eine ersprießliche Fortentwicklung jedem Unternehmen zu gewährleisten und gleichmäßigen Verdienst zu erzielen.

Normalisierung und Massenfabrikation.

Von vielen Fabriken wird häufig die Einführung oder Durchführung einer Massenfabrikation für unrationell gehalten, obgleich wohl mit Unrecht. Wenn man bedenkt, daß fast jede Fabrik neben anderen Fabrikaten wenigstens einige Maschinen und Apparate als Spezialität herstellt und aus diesem Grunde häufiger dieselben Stücke zu bearbeiten hat, so wird man zugeben müssen, daß es vorteilhaft wäre, wenn diese Teile rationell massenweise hergestellt würden.

Wenn nun aber der mit der Einführung der Massenfabrikation betraute Ingenieur darangeht, die Stückzahlen der zu fabrizierenden Einzelteile festzustellen, so wird er sehr bald bemerken, daß er in den Konstruktionen eine größe Anzahl Teile vorfindet, die untereinander ähnlich aber nicht gleich sind, und zwar findet man häufig, daß bei den verschiedenen Größen einer Maschinentype Teile verwendet werden, die in ihren Abmessungen nur geringe Abweichungen voneinander haben und trotzdem nicht einmal untereinander ähnlich sind. Es ist ja zweifellos möglich, diese Teile so zu konstruieren, daß sie praktisch kongruent sind.

Aus dem eben Gesagten ergibt sich daher, daß es nötig ist, den Anfang zur Massenfabrikation im Konstruktionsbureau zu machen und hier darauf bedacht zu sein, daß die Stückzahlen sämtlicher Einzelteile vergrößert werden, indem man verschiedene Teile so konstruiert, daß sie nicht nur zu einer Größe einer Maschinentype verwendet werden können, sondern auch zu verschiedenen anderen Größen. Ja dieses Prinzip muß sogar so weit durchgeführt werden, daß man diese Teile außer zu verschiedenen Größen einer Type auch zu verschiedenen Größen anderer Typen gebrauchen kann.

Man verfährt nun am besten so, daß erst einmal sämtliche Einzelteile, von denen man annehmen könnte, daß sich dieselben massenweise herstellen lassen, tabellarisch aufnimmt, unter Eintragung der voraussichtlich jährlich zu fabrizierenden Stückzahlen. Man wird dann sehen, welche Einzelteile nach äußerer Form und Abmessung ungefähr übereinstimmen und versuchen, diese Teile zu normalisieren.

Unter Normalisierung versteht man eine freiwillig auferlegte Beschränkung in der Konstruktionsfreiheit und zwar hat es sich als vorteilhaft herausgestellt, die Teile nach einem gewissen

Proportionsverhältnis wachsen zu lassen. Hierzu bediene man sich eines Koordinatensystems, auf denen die Proportionalitätsmaßkurven aufgetragen werden, die dann ermöglichen, die einzelnen Abmessungen der verschiedenen Größen abzulesen. Derartige graphische Tabellen sind allgemein so bekannt, daß ich auf ein weiteres Eingehen hierauf verzichten kann.

Man bemerke also wohl, daß die Einführung einer Massenfabrikation nicht nur dem Werkstattsingenieur zu arbeiten gibt, sondern vielmehr das Konstruktionsbureau die Wege zu derselben anzubahnen hat. Obgleich die Tabellenwerke und sonstige Konstruktionsveränderungen viel Arbeit und Mühe verursachen, sollte man dennoch, sobald als nur irgend angängig, zur Einführung der Massenfabrikation übergehen, da der hieraus erwachsende Vorteil ganz bedeutend ist und reiche Früchte bringen wird. Es wird, wenn das oben beschriebene Prinzip verfolgt wird, in jeder Fabrik allmählich eine besondere Abteilung für Massenfabrikation entstehen, wenn sie auch anfangs nur klein sein wird. Ist aber einmal eine Grundlage geschaffen, so kann und wird auf ihr immer weiter aufgebaut werden. Es liegt ja klar auf der Hand, daß hundert Stück gleicher Teile in der Fabrik billiger werden müssen, wie drei oder vier Stück. Allein schon die Anwendung der Revolverbänke oder gar der Halb- und Vollautomaten hat, wie statistisch nachgewiesen ist, die Produktion aller Länder um ein bedeutendes gehoben und zwar nicht nur an Quantität, sondern auch an Qualität, denn wie durch größere Stückzahlen die Hand des Arbeiters in bezug auf Schnelligkeit gewandter wird, so wird sie auch aus demselben Grunde geschickter, wodurch das Fabrikat naturgemäß besser werden muß.

Dem Konstrukteur ist es aber gewöhnlich unangenehm, sich in seiner Konstruktionsfreiheit behindern zu lassen, er muß aber zu des Ganzen und seinem eigenen Wohle die persönlichen Interessen und Liebhabereien aufgeben und mit dem Althergebrachten brechen. Um dies zu erreichen, muß der Chef oder Oberingenieur eines Werkes mit aller Kraft darauf dringen, daß die eingeführten Normalien der eigenen Fabrik in allen Konstruktionen Verwendung finden.

Die konsequente Durchführung dieses wichtigen Grundsatzes ermöglicht selbst Betrieben, welche nur Einzelausführungen ihrer

Maschinen aufweisen, an den großen Vorteilen moderner Massenfabrikation teilzunehmen. Außer Schrauben und Keilen, die heute schon mehr oder weniger normalisiert sind, kommen generell Handräder, Riemenscheiben, Griffe, Stellringe, Schlüssel, Anschläge, Riegel, konische Stifte, Bolzen, die Zapfen rotierender Teile nebst zugehörigen Lagern hierfür in Betracht, sodann alle Teile spezieller Form, welche bei den verschiedenen Größen einer Maschinenkonstruktion in annähernd gleichen Abmessungen immer wieder vorkommen, wie Kolbenstangen, Pleuelstangen, Kreuzkopfbolzen, Schieberstangenköpfe, Kurbelzapfen, Stehlager usw. Ohne die strikteste und weitmöglichst durchgeführte Normalisierung ist eine rationelle Fabrikation, gerade in Betrieben mit viel Einzelfabrikation, gar nicht möglich. Es darf keine neue Zeichnung mehr angefertigt werden, bei welcher nicht alle Teile auf die beabsichtigte Normalisierung hin geprüft werden. Für Teile, welche hierfür in Betracht kommen, muß, bevor die Maße eingeschrieben werden, in ein anzulegendes Normalienheft vorerst provisorisch mit Bleistift eine Skizze mit Maßen festgelegt werden.

Bei jeder neuen Zeichnung, auf welcher ein Handrad vorkommt, ist das Normalienheft herzunehmen und das ev. neue Rad in der Tabelle nachzutragen. Hierbei sind die Maße desselben so zu wählen, daß auch bei möglicher Berücksichtigung vorhandener Modelle eine gewisse Gleichmäßigkeit in den Abstufungen der Maße erkennbar ist.

Wie schon betont, wird man bei Festsetzung dieser Maße Rücksicht auf vorhandene Modelle nehmen müssen, doch möge man hierin nicht zu weit gehen: eine möglichst gleichmäßige Abstufung erspart gelegentlich wieder die Anfertigung eines neuen Zwischenmodells. Ferner ist die Gleichartigkeit der Konstruktion geboten, der Konstrukteur entscheide sich ein für allemal für eine bestimmte Konstruktion, d. h. er wähle nicht heute ein Handrad mit glattem Wulst, morgen mit Kugeln, heute mit gebogenen, morgen mit geraden Speichen.

Bei der Festlegung der Bohrung ist Rücksicht auf die vorhandenen Kaliber und Werkzeuge zu nehmen, bei der Bestimmung des Wulstprofils auf die möglichst billige Herstellung. Dasselbe kann leicht mittels Fassonstahl oder Kugeldrehvorrichtung geschruppt und geschlichtet werden, und gestattet durch Einfräsen von sog. Fingereindrücken einen guten Kraftangriff bei

Normalisierung und Massenfabrikation. 17

schwergehenden Rädern. Wenn die Normalisierung der Handräder genügend durchgeführt ist, werden diese nur 50 bis 100stückweise auf einmal angefertigt. Dann wird es sich ev. lohnen, dieselben mittels Profilfräser zu fräsen, dieselben können auf einer keine besondere Bedienung erforderlichen Maschine zu ca. 30% der Herstellungskosten auf der Drehbank bearbeitet werden. Einige Stahlhalter und Fassonstähle, die dem erwähnten Zwecke dienen können, seien beispielsweise hier angegeben (Fig. 1—3). In ähnlicher Weise sind bei Anfertigung jeder neuen Zeichnung alle anderen Normalteile mit Rücksicht auf die praktische Ausführung, worüber stets Betriebsleiter oder Meister zu Rate zu ziehen ist, festzulegen und in das Normalienbuch einzutragen. Hierdurch wird erreicht, daß zunächst das Konstruktionsbureau die fest-

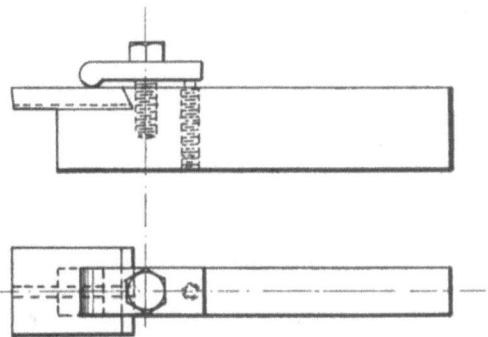

Fig. 1.
Einfacher Stahlhalter mit Schließwerkzeug.

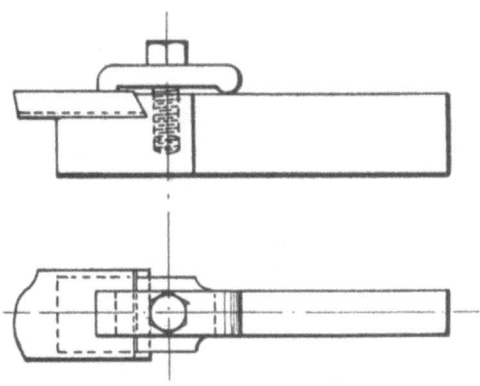

Fig. 2. Fassondrehstahl.

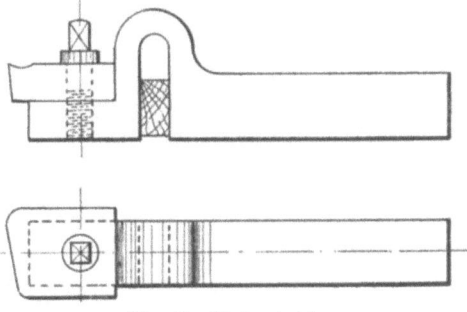

Fig. 3. Federstahl.

Blancke, Metallbearbeitung. 2

gelegten Normalien anwendet. Denn je nachdem es die freie Zeit der vorhandenen Zeichner gestattet, kann die Anfertigung von Normalienblättern (Blaupausen) an Hand der im Normalienbuch festgelegten Skizzen nach und nach erfolgen.

Eine weitere wichtige Forderung moderner Fabrikationsverfahren an das Konstruktionsbureau ist die, daß der Konstrukteur ein Verzeichnis gewisser Werkzeuge zur Hand habe und die Maße derselben bei seinen Zeichnungen berücksichtige.

Hierfür kommen vor allem in Betracht Profilfräser, Einschnitt- und Schlitzfräser, größere Reibahlen und nicht verstellbare Bohrmesser, Profilstähle, Halbrund- und Radiusstähle, Einstechstähle, Kaliber und vorhandene Grenzlehren usw. Alle diese Werkzeuge muß der Konstrukteur einer modern eingerichteten Maschinenfabrik, wo irgend angängig, berücksichtigen. Es ist ohne weiteres klar, daß eine Maschine, die im Herstellungspreise etwa M. 1000 kostet, durch die Anfertigung mehrerer Fräser usw. ev. lediglich für eine einzige Ausführung erheblich verteuert wird. Falls Vorschriften der betr. Käufer bestehen, muß schon bei Abschluß des Kaufvertrages dahin gewirkt werden, daß die Anwendung der Fabriknormalien in weitestem Umfange gestattet wird. Zweckmäßig wird der Käufer nicht darauf hingewiesen, sondern der Kaufvertrag unter dieser selbstverständlichen Voraussetzung abgeschlossen.

Durch diese beiden Maßnahmen, Normalisierung und Berücksichtigung vorhandener Werkzeuge, wird also eine so bedeutende Vereinfachung der Fabrikation erzielt, daß die Außerachtlassung seitens des Konstruktionsbureaus gerade bei Einzelfabrikation einen durch den Betrieb unmöglich gutzumachenden Grundfehler bedeutet. Weiter muß sich das Konstruktionsbureau vor Augen

Tabelle C.

Keile und Federn für geringe Beanspruchung.

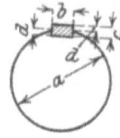

	1	2	3	4	5	6	7
a	15—19	20—24	25—29	30—34	35—39	40—49	50—59
b	3	4	5	6	7	8	10
c	2	2,5	3	4	4,5	5	6
d	1	1,25	1,6	2	2,25	2,5	3

Fig. 4.

halten, daß zu bearbeitende Flächen mit wachsender Größe teurer werden.

Die obenerwähnten Normalientabellen sind beispielsweise in der hier veranschaulichsten Form (Fig. 4) anzulegen und im Bureau und Betrieb allerorten aufzuhängen.

Dem Konstrukteur ist sodann später bei Neukonstruktionen zur Pflicht zu machen, in geeigneten Fällen stets die ,,Normaltabellen" zur Hand zu nehmen, die ihm passend erscheinende Größe des gewünschten Teiles herauszunehmen und in seine Konstruktion einzufügen. Nimmt man zum Beispiel an, ein Konstrukteur habe für eine Welle von 32 mm Durchmesser einen Keil mit den Abmessungen $3{,}5 \times 5{,}6$ errechnet, so darf er diesen nicht in seine Zeichnung einfügen, sondern er hat den Keil ,,C 4" zu nehmen mit den Abmessungen 4×6 mm, denn die Keile sind in den normalisierten Abmessungen nach Tabelle C massenweise hergestellt worden, und die Nutenstoßmaschine ist nur für diese festgesetzten Abmessungen eingerichtet. Es ist nun auch nicht mehr erforderlich, die Maße dieser ,,Normalteile" in die Zeichnung einzutragen, sondern die Angabe der Nummer des Teiles, wie zum Beispiel ,,C 4" aus obenstehender Tabelle genügt in diesem Falle, wodurch zeichnerische Arbeit gespart wird, was auch von Vorteil ist.

An Hand der bisherigen Fabrikation bzw. des jährlichen Umsatzes kann dann die jährlich notwendig werdende Anzahl dieser Teile festgestellt und vorteilhaft hintereinander weg, möglichst auf Werkzeugmaschinen mit Spezialvorrichtung, fabriziert werden. Durch solche Spezialvorrichtungen ist es sehr leicht möglich, Teile, die sonst auf der Drehbank hergestellt wurden, in einem Bruchteile der bisher aufgewandten Zeit anzufertigen.

Es sind aber nicht nur Drehbänke, die bei einer Massenfabrikation in Betracht kommen, sondern man sei bestrebt, überall für den speziellen Zweck die bestgeeignetste Werkzeugmaschine anzuwenden. Vor allen stellen die Revolverbänke und Automaten ein starkes Kontingent des Maschinenparkes für die Massenfabrikation, und diese Maschinen leisten in ihrer heutigen Vollkommenheit fast absolute Präzisionsarbeit, falls sie mit tadellosen, von erfahrenen Fachleuten konstruierten Werkzeugen und Vorrichtungen ausgerüstet sind. Es ist aber häufig schwierig, das richtige Werkzeug zu finden bzw. zu konstruieren. Häufig ist mir entgegengehalten worden, daß man bei der Einrichtung der Massenfabrikation für die verschiedenen Größen jedesmal auch andere Werkzeuge haben muß, wodurch sich naturgemäß die Kosten der Einrichtung bedeutend erhöhen, sowie auch die Rentabilität derselben in Frage gestellt wird. Es ist dies aber eine irrige Ansicht, denn schon durch die Verwendung gewöhnlicher Stichelhäuser mit mehreren Stählen ist die Möglichkeit geboten, dasselbe Stichelhaus und dieselben Stähle für eine ganze Reihe verschiedener Größen oder sogar verschiedener Typen zu verwenden. Selbst Spezialwerkzeuge kann man so konstruieren, daß ihr Verwendungsgebiet umfangreicher ist. Ein Beispiel für diese Möglichkeit ist durch das nachstehend gezeigte ,,Bohr- und Drehwerkzeug" (Fig. 5) gegeben. Durch Drehung der Schraube verschiebt sich die Lage des Konus zu den Stählen, wodurch diese sich nach außen oder innen bewegen.

Ganz besonders wichtig zur Massenfabrikation sind aber die Aufspannvorrichtungen, denn vor allem kommt es auf die Schnelligkeit der Fabrikation an, da nur durch sie die Möglichkeit zur Akkordreduktion gegeben ist. Wie oft sieht man zum Beispiel, daß man zum Bearbeiten eines Werkstückes weniger Zeit gebraucht als wie zum Aufspannen desselben. Die Dreher sind im allgemeinen sehr stolz auf ihre Anzahl von Keilen und Unterleghölzern, doch ist deren häufig notwendige Anwendung nicht gerade vorteilhaft für einen Betrieb. Die Aufspannvorrichtung soll so sein, daß durch Anziehen einer Schraube das Werkstück, möge es nun geformt sein wie es wolle, in die zur Bearbeitung richtige Lage gebracht wird. Nur unter Anwendung derartig gut ausgebildeter Aufspannvorrichtungen kann gut und billig fabriziert werden, und daß dies möglich ist, hat die Praxis bewiesen.

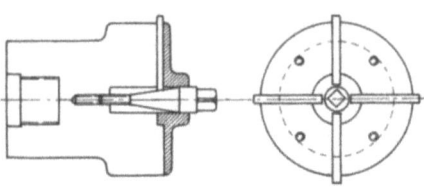

Fig. 5.

Wo man aber ganz besonderen Wert auf die Genauigkeit und auf den Finish legen muß, wird man alle Rundteile vorteilhaft nur vorschruppen und dann auf der Schleifmaschine (Norton- oder Landis-Rundschleifmaschine) fertig schleifen. Man kann aber das Vorschruppen auch ganz weglassen, wenn es sich um Stabmaterial handelt, dessen Maße bereits den gewünschten Abmessungen ungefähr entsprechen.

Ferner lassen sich die Drehbänke in gewissen Fällen vorteilhaft durch die Rundfräsmaschinen ersetzen, die dann ganz bedeutend billigere Arbeit liefern, schon aus dem Grunde, weil mehrere Maschinen durch einen Mann bedient werden können. Die Schleifmaschinen ersetzen aber nicht nur die Drehbänke, dieselben werden heute schon zu den verschiedensten Arbeiten verwendet, und ein Blick in die Kataloge der Spezialfabriken für Schleifmaschinen belehrt darüber, wie mannigfach die Konstruktionen und Verwendungsgebiete dieser Maschinen sind.

Es würde zu weit führen, hier alle Verwendungsmöglichkeiten der Schleifmaschinen aufzuführen, aber es sei darauf hingewiesen, daß eine Begrenzung des Verwendungsgebietes heute noch nicht erreicht ist und schwerlich in nächster Zeit erreicht werden wird, obgleich an der Vervollkommnung dieser Maschine ständig weitergearbeitet wird, da man längst erkannt hat, daß Schleifen billiger ist als Drehen.

Auch die Hobelmaschine kann häufig vorteilhaft ersetzt werden und zwar durch die Fräsmaschine, da letztere unter Umständen bedeutend mehr leistet, als erstere. Fällt doch allein schon der leere Rückgang der Maschine fort. Außerdem kann durch ganze Frässätze eine breite, verschiedenartig geformte Fläche auf einmal bearbeitet werden, was auf der Hobelmaschine unmöglich ist. Allerdings hat man stets von Fall zu Fall zu entscheiden, welcher von beiden Maschinen der Vorzug zu geben ist, denn es ist immer auf die Form und auf die bei der Bearbeitung auftretenden Vibrationen Rücksicht zu nehmen.

Einer der bedeutendsten Faktoren der Massenfabrikation aber ist der Schnelldrehstahl. Als im Jahre 1900 auf der Pariser Weltausstellung der Taylor-White-Stahl vorgeführt wurde, staunte ganz Europa über seine Leistungen, denn unser alter Werkzeugstahl wurde bei einer Erhitzung auf $150°$ C unbrauchbar, während der Schnelldrehstahl eine Temperatursteigerung bis $600°$ und $700°$ C aushält, ohne daß sich eine Abnutzung der Schneiden bemerkbar macht. Man hat aber die Wirtschaftlichkeit des Schnelldrehstahles in früheren Zeiten vielfach angezweifelt und denselben angefeindet. Das ist ja aber bei allen neuen Sachen so und beweist gar nichts. Naturgemäß mußte man erst die sachgemäße Behandlung der Stähle erlernen, dann aber widerstanden die vorhandenen Werkzeugmaschinen nicht der bedeutend größeren

Beanspruchung. Ein Beweis hierfür ist, daß Nicolson in einer Versuchsreihe unter Anwendung von Schnelldrehstahl 232 kg Späne pro Stunde von weichem Stahl erzielte bei 130 mm Schnittgeschwindigkeit, während man sich vor 25—30 Jahren mit 10 kg Späne pro Stunde vollauf begnügte. Die besten Resultate mit Schnelldrehstahl erzielt man im allgemeinen durch große Spanquerschnitte bei nicht übermäßiger Schnittgeschwindigkeit.

Wie wichtig daher gerade der Schnelldrehstahl für die Massenfabrikation ist, ist wohl zweifellos; um so mehr, da man nicht nur schnell, sondern auch genau arbeiten kann. Die Präzision und Genauigkeit fällt aber bei der massenweisen Fabrikation schwer ins Gewicht, da sonst der Hauptvorteil, nämlich Austauschbarkeit der Einzelteile, verloren gehen würde. Zu diesem Zwecke sind einerseits richtig hergestellte Spezialvorrichtungen und Werkzeuge erforderlich und anderseits eine stetige Kontrolle der fertiggestellten Teile.

Diese Kontrolle führt man am besten mittels Grenzlehren aus, die je nach ihrer Verwendung in verschiedenen Grenzen angefertigt sein müssen. Die Frage, wie groß die Genauigkeit sein soll, oder welche Differenz zwischen dem Plus- und Minusende der Lehren oder Kaliber erlaubt ist, ist vom Konstrukteur zu beantworten und muß unter Umständen weniger als $1/100$ mm betragen.

Für die verschiedenen Zwecke muß man aber auch verschiedene Differenzen zwischen den beiden Enden der Lehren haben, und daher unterscheidet man im allgemeinen in der Praxis vier verschiedene Verwendungsarten:

 1. den laufenden Sitz,
 2. den Schiebesitz,
 3. den festen Sitz,
 4. den Preßsitz,

und für alle diese Sitzarten muß naturgemäß eine andere zulässige Fehlergrenze der Abmessungen nötig sein.

Laufenden Sitz hat zum Beispiel jede sich in ihrem Lager drehende Welle, und der Unterschied zwischen dem Außenmaß der Welle und dem Innenmaß des Lagers muß so groß sein, daß noch genügend Raum für Öl vorhanden ist. Schiebesitz muß die Welle des Rädervorgeleges einer Drehbank haben, denn sie soll sich von Hand gerade noch verschieben lassen. Festen Sitz Räder, die sich zwar bewegen lassen müssen, aber dennoch große

Kräfte übertragen sollen. Preßsitz endlich wird überall da angewandt, wo zwei Teile dauernd miteinander verbunden bleiben sollen. Dieses Zusammenfügen geschieht durch hydraulischen Druck, Schraubenpressen oder durch Warmaufziehen.

Welche Art von Sitz nun angewendet werden soll und welche Fehlergrenzen in den Maßen zulässig sind, ist vom Konstrukteur zu entscheiden und wird in den Zeichnungen durch Eintragen der Buchstaben „l" für laufenden, „s" für Schiebe-, „f" für festen und „P" für Preßsitz bezeichnet.

Um aber ständig tadellos genaue Arbeit auch mit den Grenzlehren produzieren zu können, hat man die Lehren in regelmäßigen Zeitabschnitten zu kontrollieren, und hier dürfen je nach dem Verwendungszweck sich nur Fehler von 0,0025 bis 0,0075 mm zeigen. Solche Unterschiede kann man aber natürlich nicht mehr mit der Mikrometerschraube feststellen, sondern hier kann nur die Feinmeßmaschine oder die Haaröhrchenmeßmaschine Anwendung finden.

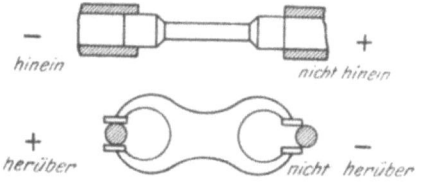

Fig. 6. Orientierungstafel für den Gebrauch der Grenzlinien.

Das Arbeiten nach Grenzlehren ist außerdem für den Arbeiter selbst eine große Erleichterung, weil er sich nicht auf einen Meßstab und seine Augen zu verlassen hat. Er hat nur zu wissen, daß das Plusende der Lehre über den zu messenden Rundteil hinweggleiten und das Minusende nicht hinübergleiten muß. Zur Orientierung über die Anwendung der Grenzlehren kann eine Tafel, ähnlich der in Fig. 6 skizzierten, in den Werkstätten aufgehängt werden.

Wie aus der Orientierungstafel hervorgeht, kann man diese Art von Kaliber und Lehren nur für verhältnismäßig kleine Abmessungen, etwa bis 200 mm anwenden, obgleich es häufiger auch notwendig ist, bei mehreren größeren Stücken derselben Ausdehnung gleiche Abmessungen zu erhalten.

Ich empfehle daher, die Anwendung einer Grenzschiebelehre, wie solche aus Fig. 7 ersichtlich ist, wobei das Plus- und Minusende sowohl für Außen- wie Innenmessungen den gewünschten oder jeweils von der eigenen Fabrik vorgeschriebenen Unterschied (ein oder mehrere Hundertstel Millimeter) hat. Die Einstellung der Schiebelehre selbst erfolgt von Hand und ist daher in gewissem Sinn ziemlich roh, jedoch kommt es hierauf bei der Fabrikation selbst gar nicht so enorm an, da man ja in der Hauptsache auswechselbare Teile fabrizieren will, die untereinander übereinstimmen sollen. Die Übereinstimmung der Maße dieser Teile untereinander ist aber durch die Grenzunterschiede der Plus- und Minusenden gegeben. Man kann daher wohl sagen, daß die Abmessungen tadellos genau sind.

Die bisher erwähnten Lehren dienen aber nur zum Messen von Rundteilen, jedoch sollen auch gehobelte oder auch gefräste Teile austauschbar sein können und müssen daher auch mittels besonderer Grenzlehren gemessen werden können. Man bedient sich hierzu der sog. Anlagelehren. Sie bestehen aus kräftigem Stahlblech, haben an einer Seite eine Anlagefläche und besitzen die Form, die das Werkstück nach der Bearbeitung haben soll. Falls aber nur gewisse Abstände, von der Außenkante des Werkstückes ab gemessen, übereinstimmen sollen, so genügen auch auf dem Stahlblech eingetragene Striche, die die Entfernung angeben. Man trage aber Sorge dafür, daß die Anlagefläche dieser Lehre an eine bereits bearbeitete Stelle des Werkstückes zu liegen kommt. Falls dies aber nicht möglich sein sollte, kann man auch ein bereits gebohrtes Loch oder dergleichen als Ausgangspunkt für die Messung verwenden.

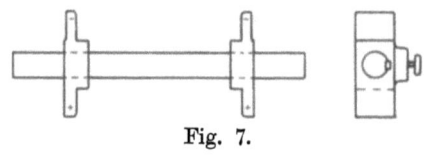

Fig. 7.

Ohne also von der Intelligenz und der subjektiven Anschauung des Arbeiters abhängig zu sein, wird die Messung mit Hilfe der Grenzlehren vorgenommen, und es liegt auf der Hand, wie genau dann diese Abmessungen sein werden, und wie groß infolgedessen die Präzision des Fabrikates sein muß, besonders wenn die Fabrikation auf guten Werkzeugmaschinen mit richtig konstruierten und tadellos angefertigten Hilfswerkzeugen vor sich geht. Es ist allerdings für einen Konstrukteur, zum Beispiel von Pumpen, nicht ganz leicht, eine vorteilhaft arbeitende und für die Fabrikation praktische Spezialvorrichtung oder ein Spezialwerkzeug zu konstruieren, denn er bedarf hierzu großer Erfahrung in Fabrikationsangelegenheiten und eingehender Kenntnis aller Werkzeugmaschinen und ihrer Leistungsfähigkeit. Es wird daher vorteilhafter sein, solche Spezialfabrikationseinrichtungen durch den Werkstattsingenieur oder durch einen Spezialingenieur für Fabrikation ausarbeiten zu lassen. Am häufigsten werden als Hilfswerkzeuge Bohrschablonen angewendet, und sollten diese außerordentlich vorteilhaften Hilfswerkzeuge viel häufiger Anwendung finden als bisher. Die zeitraubende Arbeit des Anreißens seitens der Monteure kann nur von eigens hierzu ausgebildeten Leuten ausgeführt werden, was dennoch nicht verhütet, daß das Vorgezeichnete nicht stimmt. Sind aber einmal die Löcher gebohrt und die betreffenden Teile passen nicht genau aufeinander, dann fängt die Flickerei an, die nicht gerade zur Güte oder zur Billigkeit des Fabrikates beiträgt.

Beim Anfertigen einer Bohrschablone sind aber verschiedene Punkte scharf zu beachten. Vor allem bilden die Bohrspäne ein großes Hindernis, und ist daher Sorge zu tragen, daß die Späne genügend Abflußwege finden. Falls dies nicht der Fall ist, wird das Loch unrund oder der Bohrer unbrauchbar.

Andererseits kann eine Bohrschablone aber doch ungenaue Arbeit liefern, wenn sie nicht sachgemäß konstruiert ist. Der Hauptfehler, der meistens begangen wird, ist der, daß die Vorrichtung zu fest am Arbeitsstück angeschraubt wird. Hierdurch verzieht sich naturgemäß das Material des Werkstückes oder auch die Schablone selbst. Nachdem dann die Löcher gebohrt sind und die Schablone wieder entfernt ist, gehen die Materialien wieder in ihre ursprüngliche Lage zurück. Die Löcher, die mit Hilfe der Schablonen gebohrt werden, hatten zwar das richtige Verhältnis zueinander, solange dieselben eng am Werkstück befestigt waren, nach Lösung der Vorrichtung aber verschieben sich die Abstände zueinander und die Arbeit wird ungenau. Das zweite hierauf passende Teil, das auch mittels Schablone gebohrt war, wird nunmehr nicht passen können, es ist also selbst unter Anwendung von Schablonen, allerdings falsch konstruierter, möglich, ungenaue Arbeit zu liefern.

Ich empfehle daher zur Vermeidung solcher Übelstände die Schablone so zu konstruieren, daß dieselbe nur an einer Seite des Werkstückes fest anliegt, sich im allgemeinen nur an drei Stellen auf das Werkstück aufsetzt und nur ganz leicht, zum Beispiel mit 1 bis 2 Flügelschrauben festgezogen wird, und zwar gerade nur so viel, daß sie sich nicht aus ihrer Lage verschieben kann. Außerdem mache man die gut gehärteten Buchsen auswechselbar. Die primitivste Art einer Schablone sei hier unten skizziert. Durch dieselbe soll nur ein gleichmäßiger Abstand der einzelnen Löcher voneinander gesichert sein.

Aber derartige Hilfsvorrichtungen und Spezialwerkzeuge sind mannigfachster Natur, und je spezialisierter eine Fabrik arbeitet, desto spezieller können auch die Werkzeuge sein. Ich habe die verschiedensten Werkzeuge konstruiert, die jedes in sich eine kleine Maschine waren, und deren Anwendung in der Fabrikation auch enorme Vorteile brachten, denn mit Hilfe derselben konnte ein Arbeiter drei Maschinen zu gleicher Zeit bedienen und dennoch die Leistungsfähigkeit der einzelnen Maschinen steigern.

Wenn auch solche Fälle nicht verallgemeinert werden können, so empfehle ich dennoch stets als Grundprinzip zu betrachten, daß jedes Werkstück in einer Aufspannung soweit als nur irgend möglich fertig gemacht werde, und daß die Werkzeuge und Vorrichtungen so leicht zu bedienen sind, daß die Arbeiten durch ungeübte Leute ausgeführt werden können.

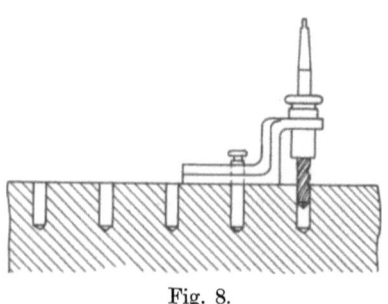

Fig. 8.

Um aber die Werkzeuge und Vorrichtungen anfertigen zu können, bedarf jede Fabrik einer Werkzeugmacherei, und man sollte endlich zu der Überzeugung gelangen, daß dieselbe in keiner auch noch so kleinen Fabrik fehlen darf. Selbst wenn man Spezialwerkzeuge nicht selbst herstellen will, sind dennoch ein oder mehrere Werkzeugschlosser zur ordnungsmäßigen Aufrechterhaltung des Betriebes unbedingt erforderlich. Allein schon das Schleifen der Drehstähle, Fräser, Reibahlen und Spiralbohrer darf nur durch geübte Leute geschehen, da sonst der gesamte Bestand an Werkzeugen in kurzer Zeit unbrauchbar gemacht werden kann. Aber auch für die mancherlei Reparaturen an den Werkzeugmaschinen usw. ist ein verständiger, geschickter Werkzeugschlosser einzustellen, und man sei ja bedacht, daß der beste der eigenen Arbeiter hierzu ausgewählt werde, oder gar geeignete Leute, selbst unter pekuniären Opfern, von außerhalb herangezogen werden. In keinem Betriebe aber fehle eine Maschine zum Schleifen der Fräser, Reibahlen usw., sowie eine Maschine zum Schleifen der Spiralbohrer. Soll die Werkzeugmacherei aber vollständig ausgerüstet sein und den notwendigsten Anforderungen entsprechen, so rate ich noch zur Anschaffung einer Werkzeugmacherdrehbank, einer Rundschleifmaschine zum Innen-, Außen- und Konischschleifen, einer Hinterdrehbank, einer Schapingmaschine sowie einer Universalfräsmaschine, möglichst mit dem patentierten Loewe-Apparat für selbsttätige Schaltung und Teilung.

Daß zur Werkzeugmacherei ein Werkzeuglager mit Ausgabe gehört, versteht sich ja von selbst, ebenso daß die Werkzeuge nur gegen Kontrollmarken ausgegeben werden dürfen und nach deren Rückgabe eingehend auf ihren Zustand zu untersuchen sind.

Die Einwendung, daß die Einrichtung einer Werkzeugstube sich nicht rentiere, ist entschieden unrichtig, und gewöhnlich wird diese Behauptung von Leuten aufgestellt, die noch niemals versucht haben, einen genauen Überblick über die Kosten, welche die Werkzeuge verursachen, zu gewinnen. Schon die Kalkulation der selbstangefertigten Werkzeuge ist häufig mit Schwierigkeiten verbunden, und ich gebe daher hierunter ein Zettelschema (Fig. 9) an, welches sich bestens bewährt hat, und mit Hilfe dessen die Arbeitsstunden und Materialien bequem vom Arbeiter selbst eingetragen werden können. Dieser Zettel, welcher aus kräftigem Papier hergestellt sein muß, wandert mit der Arbeit von Arbeiter zu Arbeiter.

Wenn nun die Vorarbeiten für die Einrichtung der Massenfabrikation beendet sind, wozu sowohl die Umänderungen der Konstruktionen und Normalisierung der Einzelteile gehören, als auch die Einrichtungen in den Werkstätten, hat man sich darüber klar zu werden, in welcher Reihenfolge fabriziert werden soll, denn da ja der Bedarf an Einzelteilen von Anfang an nicht sehr groß ist, wird auch die Abteilung, in der massenweise fabriziert wird, nicht sehr groß sein, und ist daher die Reihenfolge, in der fabriziert werden soll, reiflich zu überlegen, damit bei der Montage der Maschinen nicht Teile fehlen und dann doch einzeln hergestellt werden müssen, wodurch der Verdienst naturgemäß verloren geht oder wenigstens reduziert wird.

Die massenweise hergestellten Einzelteile sind dann auf ein besonderes hierzu eingerichtetes „Lager der Halbfabrikate" abzuliefern und dort aufzubewahren. Dieses Lager der Halbfabrikate hat auch die Bestellung für die Massenfabrikationsabteilung aufzugeben und über ihre ordnungs- und sachgemäße Ausführung zu wachen.

Werkzeug-Bestellschein			
Bestell-Nr.:	Besteller:	Nur im Bureau auszufüllen	
Name des Werkzeugs:		Preis der verwendeten Materialien	Stahl ....
			Gußeisen ..
Verwendungszweck:			Metall ...
			Diverses ..
Angefangen: Fertiggestellt:		Lohnsumme	
		Zuschlag	
Kontrolliert:		Preis des Werkzeugs	

Vorderseite.

Datum	Nr. des Arbeiters	Lohn Std. Pfg.	Stundenzahl	Preis der Std.-Sa.	Material	kg	ℳ	₰

Rückseite.
Fig. 9.

Sind nun die nicht normalisierten Teile in der Fabrikation so weit vorgeschritten, daß dieselben in der Schlosserei oder Montage zusammengesetzt werden können, so werden die benötigten „Normalteile" von ihrem Lager abgeholt, die Zusammensetzarbeiten können beginnen, und zufolge der obenerwähnten Präzisionsarbeit kann dies ohne Schwierigkeiten fabrikmäßig vor sich gehen.

In einer großen Anzahl von Fabriken aber kann dies heute noch nicht fabrikmäßig geschehen, denn dort wird dem Wort „Maschinenbau" alle Ehre gemacht, weil tatsächlich „gebaut" und nicht „fabriziert" wird. Man sollte daher bestrebt sein, immer mehr darauf hinzuzielen, daß auch in kleineren Fabriken eine Massenfabrikation, wenn auch nur in beschränktem Maße, eingeführt wird.

Richtige Anzahl der Werkzeugmaschinen.

Die Einrichtung einer neuen Fabrik, ihre Vergrößerung oder auch nur die Fabrikationseinrichtung eines Artikels ist ohne bis ins kleinste gehende Detailarbeit häufig fehlerhaft, da die Anzahl der angeschafften Werkzeugmaschinen mit dem tatsächlichen Bedarf nicht übereinstimmt. Ob es nun weniger unvorteilhaft ist, zu viel Maschinen gekauft zu haben oder zu wenig, soll hier nicht untersucht werden. Im ersteren Falle hat man das Anlagekapital unnötig vergrößert, mithin den Verdienst prozentual verkleinert, im zweiten Falle kann nicht genug fabriziert werden, somit wird auch hier der Verdienst geschmälert. Es ist also von großer Wichtigkeit, daß die Anzahl der erforderlichen Werkzeugmaschinen fehlerfrei festgestellt wird.

Bei meinen Ausarbeitungen habe ich mir daher im Laufe der Jahre eine Methode ausgebildet, welche wegen ihrer Einfachheit und Sicherheit von allgemeinem Interesse sein dürfte. Ich will daher im folgenden versuchen, diese Methode auseinanderzusetzen.

Eine Fabrik will zum Beispiel eine Reihe von Artikeln in mehreren Größen massenweise herstellen. Diese Artikel bezeichne ich der Einfachheit halber mit A, B, C und D, und die verschiedenen Größen mit A 1, A 2 usw. Der ungefähr zu erwartende Umsatz oder Jahresbedarf ist sodann festgelegt worden und zwar sollen von Größe A 1 1000 Stück, von Größe A 2 800 Stück, von Größe A 3 600 Stück, von Größe A 4 400 Stück fabriziert werden.

Der zu fabrizierende Jahresbedarf der verschiedenen Größen von B, C und D ist in ähnlicher Weise abgeschätzt worden.

Der Apparat A besteht nun, ebenso wie B, C und D aus einer größeren Anzahl von Teilen, welche so konstruiert sind, daß sie zu verschiedenen anderen Größen ohne jede Nacharbeit zu verwenden sind. Es ist daher der Jahresbedarf dieser Einzelteile nicht derselbe wie der der fertigen Artikel, und deshalb muß der Jahresbedarf dieser Einzelteile erst besonders festgestellt werden. Zu diesem Zwecke numeriert man die Teile auf den Zeichnungen des Artikels A fortlaufend mit a 1, a 2, a 3, a 4 usw., wobei zu beachten ist, daß diejenigen Teile der verschiedenen Größen, die übereinstimmen, also austauschbar sind, die gleiche Nummer erhalten, was zur Bestimmung des Jahresbedarfes der Einzelteile nötig ist. Ebenso verfährt man mit den Artikel B, C und D, jedoch mit dem Unterschied, daß hier die Einzelteile die Nummer b 1, b 2, ... c 1, c 2, ... und d 1, d 2, ... bekommen.

Nun nimmt man die Zeichnungen der Reihe nach vor, geht Teil nach Teil durch und stellt den Jahresbedarf der Einzelteile fest. Die sich ergebenden Zahlen setzt man in eine Liste ein, aus der man leicht, wie aus nachstehender Aufstellung zu ersehen ist, den Gesamtjahresbedarf der einzelnen Teile zusammenrechnen kann.

Liste des Jahresbedarfs der Einzelteile.

Nummer des Einzelteils	Jahresbedarf der Größen				Gesamtjahresbedarf der Einzelteile
	A 1	A 2	A 3	A 4	
a 1	1000	800	—	—	1800
a 2	1000	—	—	—	1000
a 3	1000	800	600	400	2800
a 4	—	800	600	—	1400
a 5	—	800	600	400	1800
a 6	1000	800	600	—	2400
	usw.	usw.			

Bis hierher reichen die Vorarbeiten, die von den jüngeren Technikern ausgeführt werden können und somit nicht die wertvollere Zeit des Werkstattingenieurs oder Betriebsleiters in Anspruch nehmen. Die nun folgende Aufstellung verlangt allerdings ein vollständiges Vertrautsein mit allen Werkzeugmaschinen, ihren Funktionen und ihrer Leistungsfähigkeit und wird somit vom Betriebsleiter selbst angefertigt werden müssen.

Es müssen nämlich sämtliche, für jeden einzelnen Teil notwendigen Operationen genau aufgeführt werden, unter Angabe der genauen Zeiten in Minuten, welche für jeden Arbeitsgang notwendig ist. Um nun auch gleichzeitig aus dieser Zusammenstellung, die ich mit „Fabrikationsliste" bezeichne, die Zeit zu ersehen, welche erforderlich ist, um am Jahresbedarf der Einzelteile jede Operation vorzunehmen, multipliziert man die zu fabrizierende Stückzahl mit der Operationsdauer und rechnet dann, weil die Operationsdauer in Minuten angegeben ist, die sich ergebenden Zahlen in Tage um.

Ferner ist in dieser Fabrikationsliste die Art und Größe der erforderlichen Werkzeugmaschinen anzugeben, und zwar unter Angabe einer Nummer, welche bezwecken soll, daß man die einzelnen Typen und Größen der Werkzeugmaschinen leicht auseinanderhalten kann. Die Angabe dieser Nummer ist außerdem für die spätere Tabelle, aus welcher die Beanspruchung der einzelnen Werkzeugmaschinen zu ersehen ist, notwendig. Die hier angegebene Liste macht das eben Gesagte noch besser verständlich.

Es ist ja unverkennbar, daß man aus einer solchen, ins einzelne gehenden Arbeit große Vorteile ziehen kann, zumal die Akkordsätze schon festliegen, da die Zeiten der einzelnen Operationen angegeben sind. Freilich ist, um diese Fabrikationsliste richtig aufzustellen können, ein volles Vertrautsein mit allen Werkzeugmaschinen und Arbeitsmethoden, sowie eine langjährige Werkstattpraxis unbedingt erforderlich. Um aber dem Betriebsleiter für andere wichtige Arbeiten Zeit zu ersparen, kann diese Liste durch einen Unterbeamten ohne weiteres so weit vorgearbeitet werden, daß er nur die Werkzeugmaschinen und die Zeiten einzutragen hat.

Ebenso kann der Nachweis der erforderlichen Werkzeugmaschinen, der sich aus der Fabrikationsliste leicht zusammenrechnen läßt, durch jeden gewissenhaften jungen Mann zusammengestellt werden. Man hat nur die Zeiten der einzelnen Maschinen der Reihe nach zusammenzuzählen, was mit Hilfe der angegebenen Nummer sehr einfach ist, und in den Maschinennachweis einzutragen. Die sich hier ergebenden Zahlen sind durch 250 zu dividieren, da man 250 Arbeitstage rechnet, und dieses Resultat ergibt fehlerfrei die für den Betrieb erforderliche Anzahl von Werkzeugmaschinen.

Fabrikationsliste.

Einzelteil Nr.	Jahresbedarf	Operation	Erforderliche Maschine	MaschinenNr.	Operationsdauer Minuten	Gesamtdauer Tage
a 1	1800	Mantel drehen	Patronenbank	4	15	45
		Schließgeh. drehen	Revolverbank	1	25	75
		Anschlag drehen	Patronenbank	4	20	60
		Durchgang bohren	Revolverbank	2	12	36
a 2	1000	Schließstück drehen	Leitspindelbank	5	20	33
		Anschlag fräsen	Fräsmaschine	3	10	17
		Zapfen bohren	Bohrmaschine	6	2	3
a 3	2800	usw.	usw.			

Maschinennachweis.

Nr.	Maschine	Beschäftigungsdauer (Tage) der Artikel				Beschäftigungsdauer total	Erforderliche Maschinen Anzahl
		A	B	C	D		
1	Gr. Revolverbank	320	410	136	215	1081	5
2	Kl. Revolverbank	523	392	608	174	1697	7
3	Fräsmaschine	84	112	65	—	261	1
4	Patronenbank	130	—	—	425	555	3
5	Leitspindelbank	54	268	580	910	1812	8
6	Bohrmaschine			usw.			

Einige Gründe für den Niedergang älterer Betriebe.

Es ist eine vielfach beobachtete Erscheinung, daß ältere Fabrikbetriebe im Niedergang begriffen sind, obgleich äußere Ursachen nicht erkannt werden können. Dem Außenstehenden sind solche Erscheinungen fast völlig unverständlich, da die Konjunktur in der betreffenden Branche nicht daniederliegt, die Fabrik vielmehr gut beschäftigt ist und in vielen Fällen die Zahl ihrer Arbeiter sogar erhöhen muß. Und dennoch wird nichts verdient. Wo liegen da die Ursachen des Niederganges? Zunächst wird man an veraltete Fabriksmethoden denken. Zweifellos wird gerade hierin viel gesündigt. Ebenso wie es die alten Arbeiter für unnötig halten, die seit Jahrzehnten angewendete Werkzeugmaschine

Einige Gründe für den Niedergang älterer Betriebe. 33

durch eine moderne zu ersetzen, so sträuben sich oft auch die alten Beamten, ja sogar die Inhaber gegen Neuerungen. Eine alte Werkzeugmaschine kann selbstverständlich nicht so viel Arbeit liefern wie eine solche modernster Konstruktion. Die veraltete Maschine nimmt allerdings denselben Raum, oder nur minimal weniger, ein wie ein gleicher Maschinentyp neuester Konstruktion; aber eine einzige moderne Maschine leistet dieselbe Arbeit, zu welcher früher drei, vier und mehr Maschinen nötig waren. Nun wird von mancher Seite der Einwand gemacht, eine Neuanschaffung sei sehr teuer. Ein moderner Typ koste zum Beispiel 4000 M., die drei alten Maschinen ständen jedoch zusammen mit nur 400 M. zu Buch, man müsse also ein zehnmal größeres Kapital verzinsen. Freilich scheint dies Argument zunächst richtig, wenigstens dem Nichtfachmann. Man stelle aber, um sich den Fall klar zu machen, folgende Überlegung an: Der Arbeiter, welcher eine alte Maschine bedient, verdient zum Beispiel 1500 M. im Jahr. Das sind bei drei Maschinen jährlich 4500 M. Lohn. Diese drei Maschinen leisten jedoch nur dieselbe Arbeit wie eine Neukonstruktion. Angenommen, ein Arbeiter an der neuen Maschine verdiene selbst 2000 M. im Jahr, also gegen früher $33^1/_3 \%$ mehr, so fabriziert der Industrielle, welcher sich die neue Maschine nutzbar macht, um rund 55% billiger. Die drei alten Maschinen benötigen jährlich 5%, das sind bei obengenanntem Buchwert von 400 M. 20 M. Verzinsung. Abschreibungen sind nicht mehr nötig, ja nicht einmal mehr möglich, denn ihr Buchwert ist schon niedriger als ihr Materialwert. Zur fünfprozentigen Verzinsung und zehnprozentigen Abschreibung sind für eine neue Maschine, wenn diese 4000 M. kostet, 600 M. nötig. Da aber bei Anwendung der neuen Maschine und Lieferung der gleichen Menge Arbeit wie auf den drei alten Maschinen allein an Löhnen 2500 M. gespart werden, so bleibt trotz bedeutend höherer Abschreibungen und Verzinsung das ansehnliche Plus von 1900 M., ganz abgesehen davon, daß naturgemäß das Fabrikat bei der neuen Maschine viel genauer werden wird, mithin die Güte desselben und folglich auch die Konkurrenzfähigkeit steigt. Aus dem Verkauf der drei alten Maschinen werden außerdem noch 600 bis 800 M. oder mehr erzielt, somit erscheint noch ein einmaliger Extraverdienst von ca. 400 M., um welchen sich gewissermaßen der Anschaffungspreis der neuen Maschine reduziert. Der Mehraufwand an Kraft kann bei dieser Rechnung unberücksichtigt gelassen werden, da die eine neue Maschine ungefähr so viel Kraft braucht, wie die drei alten zusammen. Wohl aber könnte man den geringeren Platz, der von dieser neuen Maschine gebraucht wird, und somit die geringeren Mietkosten noch zum Vorteil der neuen Maschine in Rechnung stellen. Es gibt nun aber außer dem obigen noch andre Gründe für den Niedergang eines Fabrikbetriebes. Deren einer ist der passive Widerstand, den viele Industriebeamte irgendwelchen Neuerungen entgegenbringen. Sie fühlen, daß sie mit der Neuheit nicht Schritt halten können, und um den Fabrikherrn nicht zeigen zu müssen, daß sie veraltet und verbraucht sind, wehren sie sich mit aller Gewalt gegen den modernen Geist. So zerstören sie die Reorganisationspläne ihrer Chefs schon im Entstehen, indem sie die wahren Motive ihres Abratens verbergen und mit gesuchten und bei genauem Hinsehen nicht stichhaltigen Gründen operieren. Die Furcht, von ihrem Posten verdrängt zu werden oder einen Teil ihres Nimbus zu verlieren, verleitet die Beamten zu dieser für das Geschäft so unheilvollen Stellungnahme.

Rentabilitätsberechnung für Fabrikationsvorrichtungen.

Bei allen Fabrikationsverbesserungen kommt es in erster Linie darauf an, zu untersuchen, ob der geplante Kostenaufwand für Einrichtungen, welche lohnersparend wirken sollen, mit diesen Ersparnissen in Einklang zu bringen ist resp. ob ein Gewinn dadurch erzielt und gleichzeitig eine genügende Amortisationsquote herausgewirtschaftet werden kann. Vielfach werden leider, wie ich zu beobachten Gelegenheit hatte, genügende Voruntersuchungen nach dieser Richtung hin nicht angestellt, sondern es wird einfach drauflos verbessert, ganz gleichgültig, ob der erhoffte Erfolg überhaupt erzielt werden kann oder nicht.

In der Werkstatt kann nur durch Herabminderung der Löhne ein höherer Verdienst erzielt werden, und müssen daher die Bearbeitungszeiten vor Inangriffnahme der Fabrikationsverbesserungen festgesetzt werden. Es ist jedoch nicht ganz leicht, die Zeiten einwandfrei festzulegen, denn mancherlei Faktoren müssen berücksichtigt werden. Da ist erstens der Werkzeugmaschinenpark in seinem ganzen Umfang; diesen zu kennen, ja zu beherrschen, ist ein Haupterfordernis. Hierzu gehört aber eine jahrelange Erfahrung in vielen verschiedenen Betrieben, um gewissermaßen mit einem Blick die Leistungsfähigkeit der Maschinen richtig beurteilen zu können und, falls erforderlich, am richtigen Fleck verbessernde Hand anzulegen.

An sich hat die Beurteilung der Werkzeugmaschinen nach zwei Richtungen hin zu erfolgen. Einmal ist zu untersuchen, wie der Genauigkeitsgrad der Arbeit sein kann, den die Maschine liefert, mit anderen Worten, wie die Maschine gearbeitet ist und welche Abnützung vorliegt, andererseits aber ist zu prüfen, welche Leistungsfähigkeit die Maschine besitzt, d. h. welches Quantum Arbeit dieselbe leisten kann.

Weiter ist bei der Aufstellung der Fabrikationszeiten die Güte des Werkzeuges, besonders des Drehstahles in Berücksichtigung zu ziehen. Die beste und kräftigste Werkzeugmaschine kann exakte Arbeit von genügender Menge nicht liefern, wenn das Werkzeug schlecht ist.

Hier muß die Kunst des Fabrikationsingenieurs einsetzen, denn seine Hauptaufgabe besteht fast ausschließlich darin, geeignete Hilfswerkzeuge und Vorrichtungen zu konstruieren, und bevor er dieselben in Arbeit nimmt, zu beurteilen, in welcher Zeit diese oder jene Operation mit Hilfe des von ihm zu konstruierenden Hilfswerkzeuges ausgeführt werden kann. Die Geistesarbeit ist also eine bedeutende.

Um eine genaue Übersicht über die Verdienstmöglichkeit, in welcher jede einzelne an dem Werkstück vorzunehmende Operation angegeben wird, ferner die für sie verlangte Maschine sowie die Zeit des Aufspannens und des Arbeitsprozesses selbst zu erhalten, kann zum Beispiel das hier nebenstehende Formular verwendet werden, in welchem als Beispiel die Bearbeitungszeiten eines Vierzylindermotors angegeben sind.

Das Schema läßt erkennen, welche Zeichnung und Stücklistennummer behandelt wird, ferner die Jahresproduktionsmenge, den Gegenstand und seine Anzahl sowie jeden bearbeiteten Teil, die notwendige Operation, die hierfür notwendige Maschine nebst ihrer Nummer, die ev. erforderlichen Vorrichtungen oder Werkzeuge, die für dieselben aufzuwendenden Kosten, die Aufspannzeit und die Arbeitszeit, so daß ohne weiteres zu ersehen ist, daß hier in diesem Falle für neu anzufertigende Werkzeuge die Summe von 694 M. erforderlich ist, hingegen der Gegenstand selbst in 6 Stunden und 50 Minuten fix und fertig bearbeitet ist.

36 Rentabilitätsberechnung für Fabrikationsvorrichtungen.

Bearbeitungszeiten für Teil: Motorgehäuse 3 A. IV.

Pos. Nr.	Anzahl	Gegenstand	Bearbeiteter Teil	Operation	Maschine	Nr.	Schablone, Vorrichtung und Spezialwerkzeug	Zeich. Nr.	Kosten ℳ	Aufspannzeit	Arbeitszeit	Gesamtfabrikationsdauer	Bemerkungen
	Produktionsmenge												
	325												
1		Gehäuse	Grund und Kopffläche	fräsen	Spezialfräsmaschine	7	Aufspannvorrichtung	E.23	110	6	13	103	
			Ventil und Rückseite	„	„	7	„	E.23	110	6	13	103	
			Zylinder	ausbohren	Horiz.-Bohrmaschine	4	Bohrschablone	D.54	60	12			
							Messer	B.72	20				
							Kronenbohrer	R.73	24		}55	}363	
							Kaliberreibahle	R.74	85				
				schleifen	Spez.-Schleifmaschine	6							
			8 Ventil Spindellöcher	bohren	Mehrsp.-Bohrmaschine	5	Bohrkasten mit 2 Deckeln	D.55	350	40	60	542	
			26 Löcher	„	„	5	„			15	45	244	
			4 Zündkerzenhölzer	schneiden	„	5	„				56	384	
			12 Schraubenlöcher	„	„	5	„						
			8 Ventilsitze	fräsen	„	5	Vorschneider	R.75	10		}65	}352	
							Nachschneider	R.76	15				
							Fräser	R.77	20				
									694	79	331	2221	

Zeichnung Nr.
M1
3

Gesamtarbeitszeit für 1 Gehäuse 6 Std. 50 Min., für 325 Gehäuse

Ursprünglich betrug die Arbeitszeit vor Veränderung der Fabrikation rund zwölf Stunden. Es werden also bei jedem Gehäuse 5 Stunden Arbeitszeit gespart. Den Arbeitslohn zu 50 Pf. pro Stunde gerechnet, ergibt eine Ersparnis von 2,50 M. pro Gehäuse. Ein Unkostenaufschlag kann bei dieser Ersparnis ohne weiteres nicht mit angesetzt werden. Es ist also nicht zulässig, zu sagen, daß, da 2,50 M. Lohn gespart werden, man auch den Unkostenaufschlag von zum Beispiel 100% mit in Anrechnung bringen könnte und somit in der Lage wäre, 5 M. Ersparnisse anzusetzen.

Es ist dies aus dem Grunde nicht möglich, weil die neuen Werkzeuge und Vorrichtungen teurer sind als die alten, daher eine höhere Abschreibungssumme als die alten Fabrikationsmittel bedingen, wenn auch nicht proportional zu ihrem Wert, so doch zum Arbeitslohn, da ja dieser geringer wird. Besonders aber wird an Betriebskraft nicht weniger aufgewendet.

Bei vorliegendem Beispiel beträgt die jährliche Produktionsmenge 325 Stück, es werden also jährlich allein an Arbeitslohn 812,50 M. gespart. Da die Vorrichtung usw., wie aus der Zusammenstellung hervorgeht, 700 M. kostet, kann man im ersten Jahr allein einen Überschuß von 100 M., in jedem weiteren aber einen solchen von ca. 800 M. erzielen.

Hier kommt aber noch etwas hinzu, nämlich da der Motor in dem hierbei veranschaulichten Bohrkasten (Fig. 10) fix und fertig gebohrt wird, fällt jegliches Vorreißen des Gußstückes fort, und sind somit von den oben angegebenen ersparten 5 Stunden etwa $1^1/_2$ Stunden für die Vorreißarbeit in Rechnung zu bringen. Für diese $1^1/_2$ Stunden kann im Gegensatz zu dem Vorhergesagten der Unkostenaufschlag mit in Anrechnung gebracht werden, da wir es hier nicht mit Maschinenarbeit zu tun haben, so daß also, um bei dem Beispiel von 100% Kostenaufschlag und 50 Pf. Stundenverdienst zu bleiben, ein weiterer Verdienst von 75 Pf. pro Motor in die Wagschale fällt.

Es ergibt sich nunmehr mit Hilfe der neuen Arbeitsvorrichtungen gegenüber dem alten Verfahren für die 325 Motorgehäuse ein Gewinn von 812,50 M. plus 243,75 M., mithin 1056,25 M. Es würden also im ersten Jahre schon 300 M., in jedem weiteren aber 1000 M. mit Hilfe der Vorrichtungen erspart werden, und somit ist die Berchtigung nachgewiesen, daß die Fabrikation in der angedeuteten Weise verändert wird.

38 Beispiele von Hilfsmitteln zur Durchführung der Massenfabrikation.

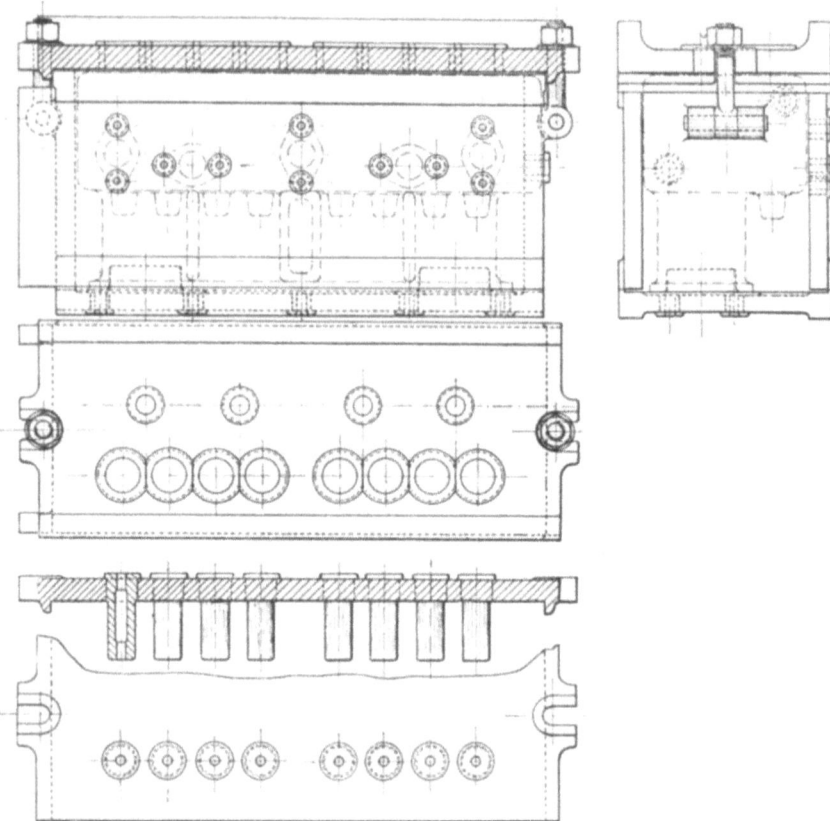

Fig. 10. Bohrkasten zur vollständigen Bearbeitung eines 4 zyl. Automobilblockmotors.

Beispiele von Hilfsmitteln zur Durchführung der Massenfabrikation.

Nachdem in den vorhergehenden Teilen die Wege gezeigt worden sind, wie die Vorarbeiten zur Einführung einer Massenfabrikation zu geschehen haben, und die richtige Maschinenzahl bestimmt worden ist, wende ich mich spezieller den Hilfsmitteln, wie Spezialwerkzeugen, Aufspannvorrichtungen, Bohrkästen und Bohrschablonen zu, mit Hilfe deren ja nur die Fabrikation rationell betrieben werden kann.

Beispiele von Hilfsmitteln zur Durchführung der Massenfabrikation.

Wir haben gesehen, daß sich mit der weiteren Ausgestaltung der Normalisierung die Anzahl der gleichartigen und gleichen Einzelteile immer mehr vermehrt, mithin kann man auch für die Fabrikationshilfsmittel entsprechend höhere Gestehungskosten aufwenden.

Ich behandle zunächst die Bohrschablonen.

Unter diesen sind nun nicht Vorrichtungen zu verstehen, mit Hilfe deren die Stücke angerissen werden oder die Körner zum Bohren eingeschlagen werden, sondern die Bohrschablonen müssen derartig konstruiert sein, daß dieselben während des Bohrens über den Stücken bleiben und sogar noch dem Bohrer einen Halt geben, damit ein Abweichen desselben zur Unmöglichkeit gemacht wird. Durch Anwendung derartiger Fabrikationsvorrichtungen ist es möglich, die Teile austauschbar zu machen und somit in der Montage bedeutende Vorteile zu erzielen, da hierdurch die Nacharbeit der Teile fortfällt.

Der gleiche Vorteil macht sich

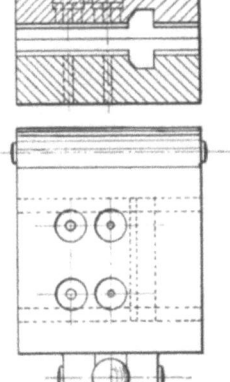

Fig. 11.
Einfacherer Bohrkasten.

auch bei Reparaturen bemerkbar, denn der Kunde hat alsdann der Fabrik nur die Nummer des schadhaft gewordenen Teils aufzugeben und kann zufolge der exakten Fabrikation und der Austauschbarkeit der Teile nach Erhalt desselben das Einbauen selbst vornehmen. Der erste der veranschaulichten Bohrkästen (Fig. 11) ist einfacherer Art. Hier sind die Teile im Rohguß so gleichmäßig, vermöge der Anwendung einer Formplatte und Formmaschine in der Gießerei, daß sich ein nachträgliches Festspannen durch seitlich angebrachte Schrauben erübrigt. Durch den an der Seite angebrachten Hebel mit Nase wird die obere Platte fest, sowohl auf den Bohrkasten wie auf das Guß-

40 Beispiele von Hilfsmitteln zur Durchführung der Massenfabrikation.

stück selbst, aufgedrückt. Wie die Figur zeigt, werden auch nur vier Löcher von oben gebohrt; die im Boden befindlichen Löcher dienen nur dazu, den Borspänen genügende Abflußwege zu geben.

Bedeutend komplizierter ist der zweite Bohrkasten (Fig. 12). Hier werden zehn Löcher auf vier verschiedenen Seiten gebohrt, und da bei dem immerhin komplizierten und zum Teil dünnwandigen Gußstück nicht mit so tadellosen Formen gerechnet werden kann, ergibt sich die Notwendigkeit, unter Zuhilfenahme

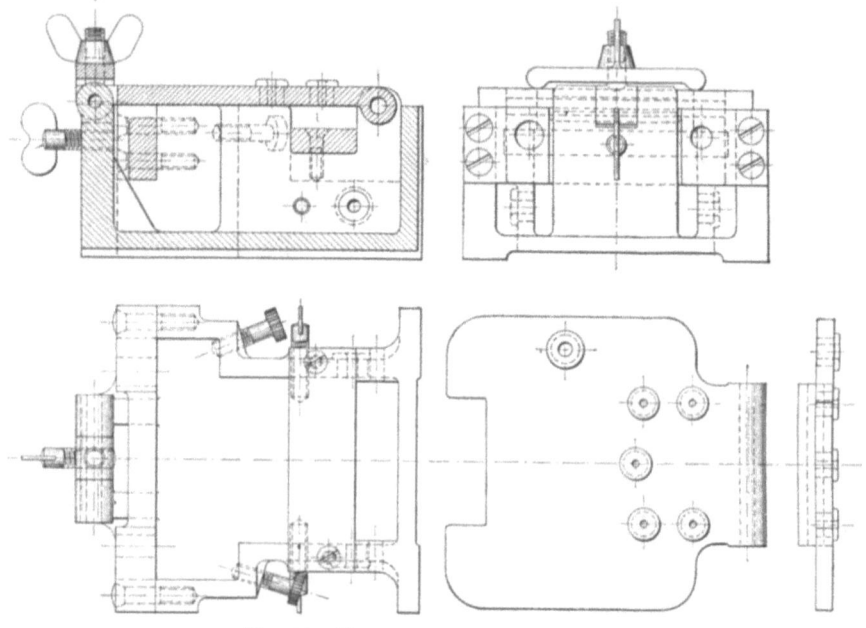

Fig. 12. Komplizierterer Bohrkasten.

einer Anzahl von Flügelmuttern und leichtgängigen Schrauben das Stück nach dem Einlegen in den Bohrkasten in die Mittellage zu bringen. Das Festhalten geschieht auch hier wieder durch das Anschrauben des Deckels.

Eines der wichtigsten Hilfsmittel zur rationellen mechanischen Metallbearbeitung stellen ferner die Aufspannvorrichtungen dar.

Die nächste Vorrichtung ist zum schnellen Aufspannen von Lokomotivkurbelzapfen (Fig. 13) konstruiert worden und ermöglicht, das Aufspannen in weniger als fünf Minuten zu vollenden.

Beispiele von Hilfsmitteln zur Durchführung der Massenfabrikation. 41

An dem Kurpelzapfen müssen die Lagerzapfen für Treib- und Kuppelstange, der Endzapfen und die Rückseite der Kurbel bearbeitet sein, bevor der Schieberstangenzapfen gedreht werden kann. Die bearbeitete Seite der Kurbel wird alsdann an die durch Schraube verstellbare Gegenstütze gelegt, der Riegel umgelegt und die Schraube solange bewegt, bis der Triebstangenlagerzapfen in die richtige Lage gebracht ist. Hierauf wird die Gegenspitze angesetzt und der Halteriegel fest angezogen.

Damit in der Planscheibe Gleichgewicht herrscht, ist auf der

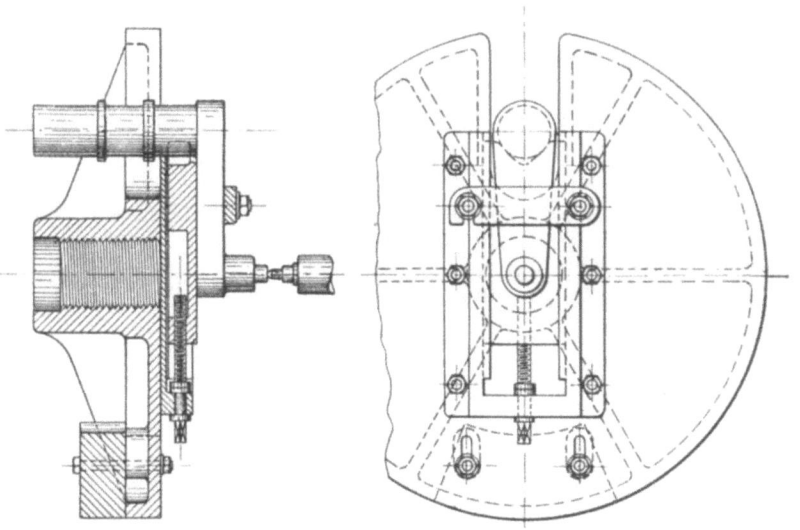

Fig. 13.

dem Ausschnitt für den Lagerzapfen gegenüberliegenden Seite ein verstellbares Gewicht angeordnet, um auch verschiedene Größen von Kurbelzapfen bearbeiten zu können.

Wie wichtig ferner allerlei speziellere Meßgeräte und Meßvorrichtungen sind, habe ich schon erwähnt. Eine besondere Art solcher Vorrichtungen ist ein Meßapparat für Bandagenwalzwerk. Die nachstehende Fig. 14 stellt nun einen selbsttätigen Meßapparat für Bandagenwalzwerke dar.

Der Apparat besteht in der Hauptsache aus nachstehend bezeichneten Teilen:

42 Beispiele von Hilfsmitteln zur Durchführung der Massenfabrikation.

Meßrolle,   Gradbogen,
Wagen,   Zeiger,
Schiene mit Handgriff,   verstellbarer Stift.
feststehender Bock,

Die Meßrolle läuft an der Innenseite der während des Walzvorganges zu messenden Bandage. Der kleine Wagen, an welchem der Meßrollenträger durch ein Scharnier befestigt ist, wird durch das Gegengewicht entsprechend dem Größerwerden der Bandage beim Walzen zurückgezogen. Der Bock, welcher den Gradbogen und den Zeiger trägt, wird auf das Walzwerk aufgeschraubt. Der verstellbare Stift überträgt die Bewegung des Wagens auf den Zeiger. Der Zeiger ist in seinen Schenkelabmessungen im Verhältnis 10 : 1 gehalten und zeigt infolgedessen eine Maßdifferenz in zehnfacher Größe an. Dadurch, daß der Zeiger fortwährend durch die Feder mit dem vorgenannten verstellbaren Stifte in ständigem Kontakt gehalten wird, zeigt der Apparat ein jegliches Umrundlaufen der Bandage genau an. Befindet sich der Zeiger in Ruhestellung, so legt er sich gegen den Anschlagstift. Das Einstellen des Stiftes auf das gewünschte Maß geschieht etwa auf folgende Art:

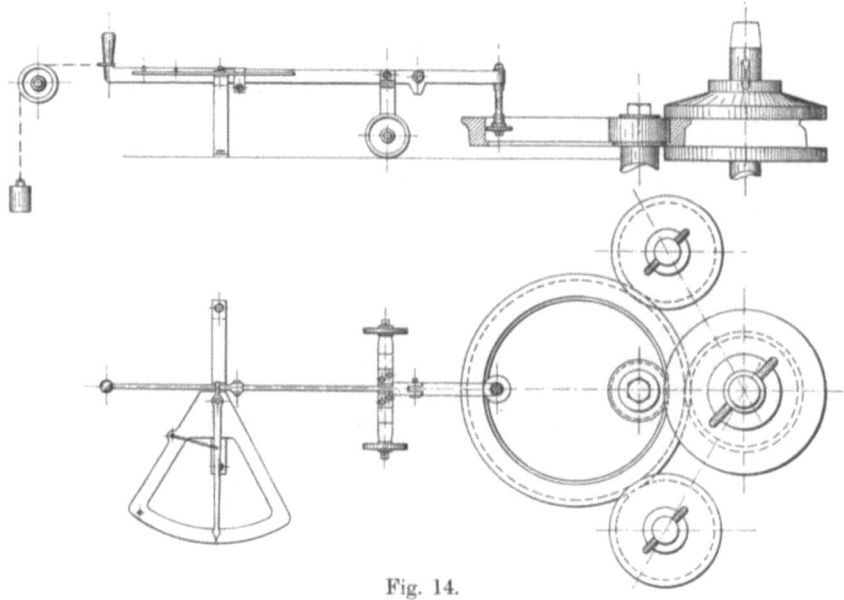

Fig. 14.

Die Drehrolle des Bandagenwalzwerkes wird entsprechend dem gewünschten Querschnitt der Bandage gegen die Profilwalze gefahren; dies geschieht am vorteilhaftesten durch Zwischenlegen eines Paßstückes von entsprechender Stärke; nun nimmt man einen verstellbaren Meßbügel, legt denselben mit einem Schenkel hinter die Drehrolle, so daß man an die Innenseite des anderen Schenkels die Meßrolle anlegen kann. Alsdann wird der Stift so eingestellt, daß der Zeiger durch denselben auf Mittelstellung gedrückt wird und zeichnet den Punkt auf den Gradbogen mittels eines Kreidestriches an. Durch diese Operation ist die ganze Einstellung des Apparates bewerkstelligt, und mit dem Walzen der Bandage kann begonnen werden. Der feststehende Bock, welcher den Gradbogen trägt, ist möglichst nahe an den Führerstand heranzurücken, damit der Vorwalzer stets die Bewegung des Zeigers vor Augen hat. Dadurch, daß der Vorwalzer die Beobachtung des Meßapparates übernimmt, wird der sonst zum Messen notwendige Mann überflüssig.

Sobald die Meßrolle nach Beginn des Walzens Platz finden kann, wird sie eingeschlagen und die Bandage fertig angewalzt.

Alsdann wird die Meßrolle hoch geklappt, und ist somit ein freies unbehindertes Hantieren beim Ablegen und Wiederauflegen der Bandage gestattet.

Konstruktion von Spezialwerkzeugen.

Es wird nach dem Vorangegangenen nunmehr die Frage zu beantworten sein, nach welchen Gesichtspunkten die Konstruktion von Spezialwerkzeugen überhaupt vorzunehmen ist. Zunächst muß man sich, bevor an die eigentliche Konstruktion herangegangen werden kann, vor allem darüber klar sein, auf welche Genauigkeit es in dem Werkstücke ankommt und welche Maße untereinander genau stimmen müssen. Es ist also erforderlich, ganz genau zu wissen, auf welche Bearbeitungen hauptsächlich Rücksicht zu nehmen ist, um eine Austauschbarkeit der Teile garantiert zu haben.

Zum besseren Verständnis, wie hier zu Werke zu gehen ist, möchte ich ein einfaches Beispiel behandeln. Es sei der in untenstehender Fig. 15 gezeigte Lagerbock in größeren Mengen, mehrere hundert Stück, herzustellen, so daß sich also auf jeden Fall verlohnt, besondere Fabrikationseinrichtungen zu treffen. Nun ist nach dem soeben Gesagten sofort zu untersuchen, welche Teile müssen exakt in den Maßen übereinstimmen resp. welche sind überhaupt zu bearbeiten. Es sind dies die Grundflächen, auf welche der Lagerbock zu stehen kommt, die Bohrung für die Welle und die vier Löcher in der Grundfläche, sowie die vier Löcher in dem flanschartigen Ansatz. Es sei von vornherein bemerkt, daß auch diese letzteren vier Löcher exakt stimmen müssen, weil ein Hauptbetandteil der Maschine an diesem Lagerbock befestigt wird. Demzufolge muß auch die eine Fläche des flanschartigen Ansatzes bearbeitet werden. Da nun noch ein zweiter Lagerbock, allerdings einer anderen Konstruktion, hier Verwendung findet und andererseits ein Elektromotor auf eine gemeinsame Grundplatte mit diesen Lagerböcken zu stehen kommt, so ist es erforderlich, daß das Maß von Mitte Bohrung bis Auflagefläche des Lagerbockes stets absolut gleich ist. Ferner müssen die acht Löcher, die bearbeitete Seite des flanschartigen Ansatzes und die Bohrung genau stimmen.

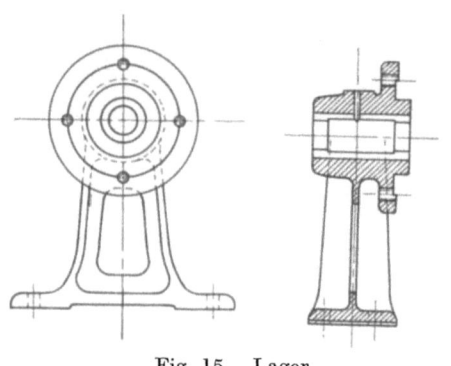

Fig. 15. Lager.

Die Messung der Rundteile erfolgt mittels Grenzlehren, wie solche in dem Kapitel über „Normalisierung und Massenfabrikation" beschrieben worden sind, bieten also für uns momentan eine Schwierigkeit nicht mehr, vielmehr handelt es sich für uns an erster Stelle um eine einwandfreie Fabrikation dergestalt, daß das Maß zwischen Mitte Bohrung und Grundfläche des Lagers scharf eingehalten wird.

Zunächst ist die Frage zu beantworten, welches wird die erste Operation sein. Zweckmäßig wird man von der Grundplatte ausgehen, damit man für die späteren Vorrichtungen einen Ausgangspunkt hat, d. h. eine ein für allemal festliegende bearbeitete Fläche. Wir spannen also den Lagerbock resp. gleich mehrere hintereinander, auf der Hobel- oder Fräsmaschine auf, wozu wir natürlich eine zwar sehr einfache Vorrichtung gebrauchen, die aber immerhin so konstruiert ist, daß der Arbeiter ohne viel Schwierigkeit die Teile hintereinanderweg einspannen kann. Auf eine solche Einspannvorrichtung möchte ich hier nicht eingehen, da dieselbe zu einfach ist.

Wir haben nun den Lagerbock auf seiner Grundfläche bearbeitet, haben also eine Fläche erhalten, welche das eine Ende des exakt innezuhaltenden Maßes darstellt. Die nächste Frage wird nun sein, wie ist die Bohrung, als dem zweiten Maßende, zu bearbeiten. Wir entscheiden uns in diesem Falle, da ja gleichzeitig die eine Seite des flanschartigen Ansatzes zu bearbeiten ist, für eine Drehbank und werden mithin vor die Aufgabe gestellt, eine Aufspannvorrichtung zu konstruieren, welche derartig wirkt, daß der Lagerbock, nachdem er festgespannt ist, in eine solche Lage gegenüber der Planscheibenmitte kommt, daß nach erfolgter Ausbohrung die Mitte dieser Bohrung von der Grundfläche des Lagerbockes den gewünschten exakten Maßabstand hat.

Die nachfolgende Fig. 16 zeigt eine derartige Vorrichtung und zwar ist dieselbe äußerst einfach und zwar unter Zuhilfenahme einer beliebigen Klobenscheibe fertiggestellt. Wir haben hier am unteren Ende einen Winkel festgespannt, dessen senkrechte Entfernung von der Mitte des Spindelstockes oder der Klobenscheibe das exakte gewünschte Maß hat. Auf diesen Winkel wird nun das Lagerböckchen aufgestellt und von oben, wie auf der Zeichnung ersichtlich ist, festgespannt. Damit nun eine seitliche Verschiebung nicht möglich ist, erhält der obere Spannkloben eine Form, welche ungefähr der Form des oberen Teiles des Lagerböckchens entspricht, und damit während der Bearbeitung der Fuß des Lagerböckchens sich nicht verschieben kann, wird von beiden Seiten der Fuß durch kleine Schrauben gehalten.

Es wird nicht möglich sein, daß der Fuß des Lagerbockes nicht preß auf dem unteren Winkel aufsteht. Sollte aber dennoch zufolge eines geringen Gußfehlers die Mittellinie der Bohrung nicht genau senkrecht über der Mitte der Grundfläche des Böckchens stehen, so hat das an sich auf die Genauigkeit der Fabrikation keinen Einfluß, wie später gezeigt werden wird. Bei dieser Operation handelt es sich ja nur darum, daß das Maß zwischen der horizontalen Mittellinie der Bohrung und der Grundfläche stimmt. Die Dreh- und Bohrarbeit geht nun auf bekannte Art und Weise vor sich.

Die weitere Forderung ist nun die, daß die vier Löcher in dem Flansch und die vier Löcher in der Grundfläche stimmen. Was bedeutet nun hier das exakte Maß?

Es müssen erstens die vier Löcher im Flansch auf einem Lochkranz sitzen, welcher absolut konzentrisch zur mittleren Bohrung liegt, und die Löcher untereinander müssen genau unter 90 °/₀ stehen. Die vier Löcher im Fuß hingegen müssen so gebohrt werden, daß sie von einer durch die Mitte der Bohrung auf die Grundfläche gefällten senkrechten gleichen Abstand haben, damit

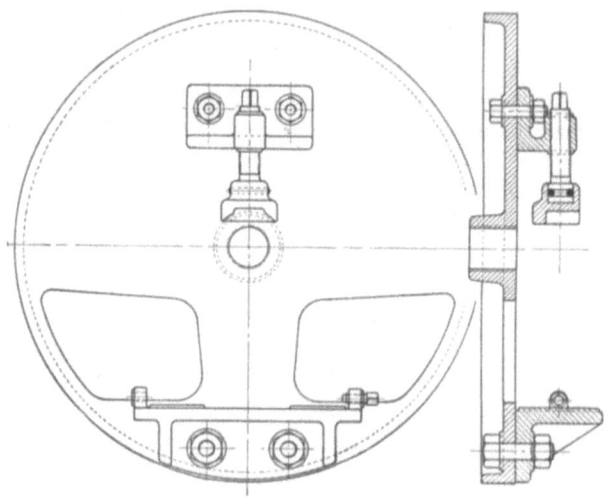

Fig. 16. Aufspannvorrichtung.

beim Aufschrauben dieses Lagerböckchens auf die vorhin erwähnte Grundplatte die Bohrungsmitte nicht seitlich herausgerückt ist.

Nachdem dieses festgestellt ist, tritt wieder die Frage an uns heran, von welchen Teilen gehen wir jetzt bei der Fabrikation als Anlagefläche aus. Hierzu stehen uns zwei bearbeitete Flächen zur Verfügung, nämlich einerseits die Grundfläche und andererseits die Bohrung. Der hier veranschaulichte Bohrkasten (Fig. 17) zeigt nun, wie die Befestigung des Lagerböckchens in dem Bohrkasten erfolgt.

Wir haben in dem Bohrkasten wieder zwischen der Mittellinie des Bolzens und der Fläche, auf welche die Grundfläche des Böckchens zu stehen kommt, das exakt einzuhaltende Maß. Wir schieben also das Lagerböckchen von der Seite in den Bohrkasten hinein, so daß die Grundfläche preß auf der Anlagefläche aufsitzt, und schieben dann den Bolzen, welcher mittels Keil festgehalten wird, durch die Bohrung hindurch. Wir haben nun einerseits durch den Bolzen die Bohrung des Lagerböckchens festgehalten und sind in der Lage, die vier Löcher auf dem Flansch konzentrisch zu bohren; dadurch andererseits, daß die Grundfläche preß auf der Anlagefläche im Bohrkasten aufsitzt, ist Gewähr dafür gegeben, daß sich das Böckchen im Kasten selbst nicht verschieben kann.

Zu allem Überfluß können aber die beiden Flügelschrauben noch angezogen werden, damit das Böckchen gegen den Bolzen gedrückt wird. Stimmt nun der Bohrkasten genau, was natürlich

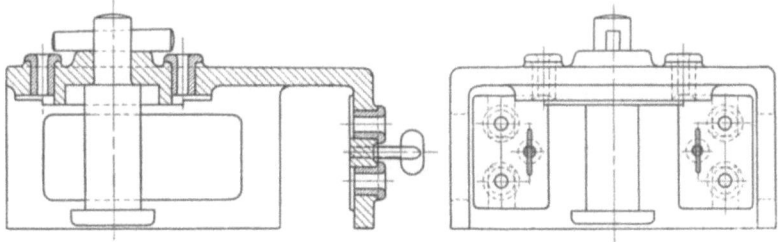

Fig. 17. Bohrkasten.

Grundbedingung ist, so kann man jede Garantie eingehen, daß die Teile untereinander im vollsten Sinne des Wortes austauschbar sind und mithin die Fabrikation eine tadellose ist.

Über den Bohrkasten selbst sei noch folgendes gesagt:

Wir haben Löcher an zwei Seiten des Bohrkastens zu bearbeiten. Infolgedessen muß er so konstruiert sein, daß er winkelrecht auf den, den Bohrungen gegenüberliegenden Seiten auf der Bohrmaschine Aufstellung finden kann. Es ist alsdann dafür Sorge zu tragen, daß die Bohrspäne genügende Abflußwege finden. Zu dem Zwecke sind die gehärteten Buchsen sämtlich etwas verkürzt, damit zwischen dem Werkstück und dem Bohrkasten resp. der gehärteten Buchse ein Abfließen der Bohrspäne stattfinden kann.

Als weiteres nicht unwichtiges Moment ist hervorzuheben, daß der Bohrkasten zwar stabil und widerstandsfähig sein muß, damit er sich einerseits nicht verziehen kann, wenn das Stück hineingespannt wird, und andererseits auch einen gewissen Widerstand gegen Bruch aufweist, vor allem aber nicht zu schwer sein darf, damit das Werkstück durch den Bohrkasten nicht wesentlich schwerer gemacht wird und infolgedessen den Arbeitsprozeß verlangsamt.

Der veranschaulichte Bohrkasten (Fig. 17) zeigt daher eine Reihe von Aussparungen, welche die Festigkeit nicht beeinflussen, das Gewicht aber erheblich verringern. Der hier beschrie-

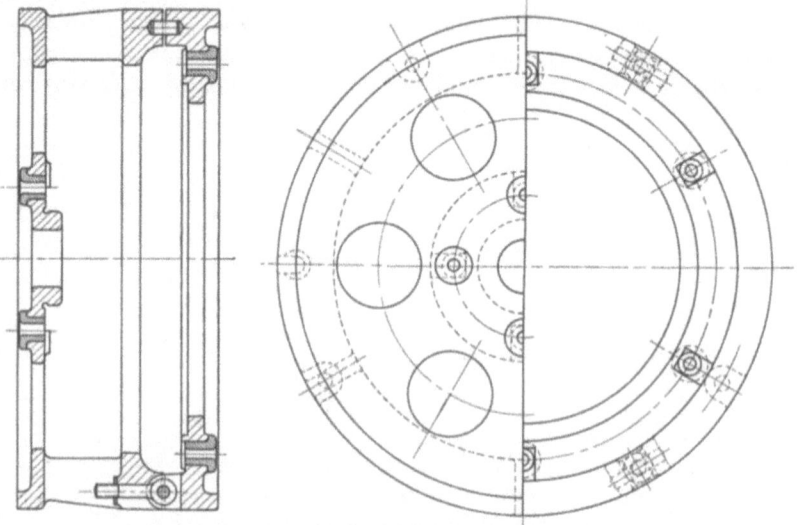

Fig. 18. Zweiteiliger Bohrkasten.

bene und veranschaulichte Bohrkasten war nur ein einteiliger, es kommen jedoch auch häufig zweiteilige Vorrichtungen vor, von denen im folgenden ein Beispiel (Fig. 18) veranschaulicht werden soll.

Die Zeichnung zeigt, wie derselbe zusammengehalten wird, vor allem aber auch, daß es unmöglich gemacht werden muß, daß solche Bohrkästen, bei denen Ober- und Unterteil nicht durch ein Scharnier verbunden sind, auf eine andere als nur auf eine einzige Art und Weise zusammengestellt werden können. Man beachte die ungleichmäßig verteilten Prisonstifte und Schrauben.

Konstruktion von Spezialwerkzeugen. 49

Hier zeigt sich auch wieder, daß der Bohrkasten auf beiden Seiten eine gute und normale Auflagefläche haben muß, daß für genügende Abflußwege der Späne gesorgt sein und daß, wo irgend angängig, Material gespart werden soll, um den Kasten so leicht wie möglich zu machen. Selbstverständlich sind auch bei diesem Kasten solche Erwägungen, wie oben beschrieben, anzustellen. Es würde jedoch zu weit führen, den gesamten Gedankengang nochmals zu beschreiben.

Um auch einen der einfachsten Bohrkästen, oder wie sie hier besser heißen würden, Bohrschablonen zu veranschaulichen, sei eine solche in Fig. 19 mit dem dazugehörigen Arbeitsstück hierunter veranschaulicht.

Ich verlasse nun das Gebiet der Bohrkästen und möchte noch einiges über Spezialwerkzeuge und sonstige Fabrikationsmittel sagen.

Im wesentlichen werden besondere Drehwerkzeuge bei der Verwendung von Revolverbänken und noch mehr bei Automaten gebraucht werden. Im allgemeinen sind diese Werkzeuge schon durch die Kataloge der Werkzeugmaschinenfabriken bekannt. Auch habe ich einiges in dem Kapitel über „Normalisierung und Massenfabrikation" erwähnt. Ich beschränke mich daher darauf, ein sog. Egalisierwerkzeug (Fig. 20) zu bringen und einen Hohlbohrkopf in Fig. 21 zu veranschaulichen.

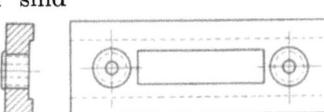

Fig. 19. Kleiner Bohrkasten.

Das Egalisierwerkzeug kann überall da vorteilhaft Anwendung finden, wo es auf große Genauigkeit ankommt. Das Werkzeug selbst steckt in einem Stichelhaus, welches im Revolverkopf befestigt ist. Die Arbeitsweise geht im übrigen klar aus der Zeichnung hervor.

Die Verwendung und Arbeitsweise des weiter gezeigten Hohlbohrkopfes ist folgende:

Die Welle, welche hohl gebohrt werden soll, wird auf einer Hohlbohrbank resp. Drehbank an einem Ende in die Planscheibe eingespannt; das andere Ende ruht auf einer Rollenlünette oder einem Rollbock. Um dem Hohlbohrkopf gleich von vornherein die richtige Führung zu geben, wird mit einem Drehstahl ein

Blancke. Metallbearbeitung. 4

Rundkanal ausgedreht, welcher der Messerbreite des Bohrkopfes entspricht. Der Bohrkopf wird auf ein entsprechend langes Rohr, welches mit kleinen Bronzeplättchen zur Führung versehen ist, aufgeschraubt. Dieses Rohr wird an seinem hinteren Ende fest in den Support eingespannt, und ist hier die Einspannstelle mit einer entsprechenden Verschraubung versehen, um den zur Kühlung der Messer und zum Auswaschen der Späne nötigen Druckschlauch der Seifenwasserpumpe anzubringen. Man wendet beim Hohlbohren Schnittgeschwindigkeiten von ca. 20 m an, bei entsprechendem Vorschub. Die Hohlbohrbank arbeitet vollständig automatisch und bedarf absolut keiner Wartung.

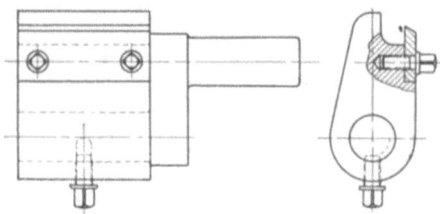

Fig. 20. Egalisierwerkzeug.

Der Hohlbohrkopf trägt an seinem vorderen Ende die Schneidemesser, und zwar je nach dem Durchmesser drei und mehr. Die Messer sind so gearbeitet, daß sie nur vorn schneiden und die seitlichen Flächen gleichzeitig als Führung dienen. Der schwachen

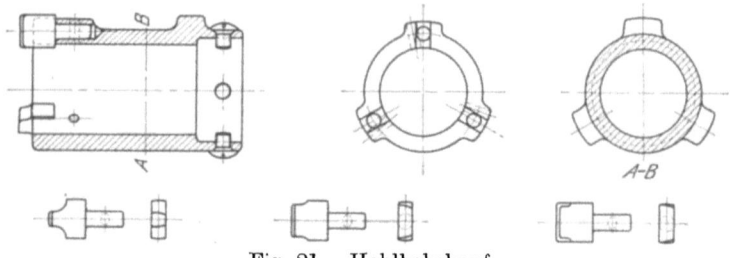

Fig. 21. Hohlbohrkopf

Wandung halber zieht man es vor, den Körper des Hohlbohrkopfes aus gutem Siemens-Martin-Stahl anzufertigen.

Es sei noch erwähnt, daß man, um keine breiten und groben Späne zu bekommen, durchschnittlich drei Messer hintereinander arbeiten läßt, und zwar so, daß das zuerst schneidende Messer einen schmalen Span aus der Mitte heraushebt, das zweite Messer den Span verbreitert und das dritte und letzte Messer die ausgehobene Fläche nachschlichtet. Vorteilhaft ist es, das hintere Ende des

Kopfes mit einer Anzahl Führungsnocken, welche der Zahl der Messer entsprechen, zu versehen. Die Art, wie die Messer im Hohlbohrkopf befestigt sind, geht aus der Zeichnung deutlich hervor. Beim Hohlbohren muß auf genügende Seifenwasserzuführung, welche durch das Rohr hindurchgeleitet wird, geachtet werden. Das Seifenwasser umspült alsdann die Messer und führt die Späne an der Außenseite des Rohres entlang aus dem Bohrloch heraus. Ein zwischengeschaltetes kleines Sieb verhütet das Einlaufen der Bohrspäne in das Saugbassin der Seifenwasserpumpe.

Die nächste Fig. 22 zeigt einen expandierenden Dorn, welcher speziell beim Nachdrehen und Nachfeilen Verwendung findet. Der Dorn eignet sich ganz vorzüglich zum Schleifen von Fräsern auf der Werkzeugschleifmaschine. Durchweg stimmen bei diesen Fräsern die Durchmesser der Bohrungen nicht genau überein,

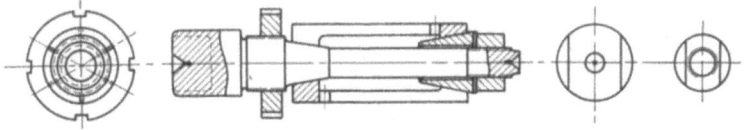

Fig. 22.

und somit kommt es leicht vor, daß ein Fräser nicht genau zentrisch geschliffen wird. Dieses hat einen doppelten Nachteil, erstens schneidet der ungenau geschliffene Fräser nur einseitig und leistet infolgedessen nur ungefähr die Hälfte wie ein genau geschliffener Fräser; zweitens bedingt die Überanstrengung des Fräsers ein sehr schnelles Stumpfwerden und mithin den doppelten Verschleiß. Bei Anwendung des zentrisch spannenden Dornes können eben gesagte Übelstände nicht vorkommen. Die Art der Konstruktion resp. die Anfertigung eines solchen Werkzeuges geht deutlich aus der Zeichnung hervor.

Um zum Schluß auch ein Beispiel von einer Aufspannvorrichtung für kleinere Massenartikel zu geben, füge ich auch eine solche in Fig. 23 bei. Diese Vorrichtung hat den Zweck, acht Gegenstände, wie punktiert gezeichnet, aufzunehmen. Es ist klar, daß mit Hilfe einer solchen Vorrichtung die Aufspannarbeit bedeutend erleichtert wird und man vor allem in der Lage ist, die Teile hintereinanderweg, ähnlich wie dies schon bei dem Beispiel der Lagerböckchen erwähnt ist, zu hobeln oder zu fräsen.

4*

Der Grundsatz der rationellen Massenfabrikation ist in kurzen Worten der: mit einer einzigen Aufspannung sämtliche nur irgend möglichen Operationen fertig zu machen. Die Arbeit des Umspannens und wieder Zentrierens ist sehr zeitraubend und beeinflußt zudem die Genauigkeit ungünstig, so daß dem einmaligen Arbeitsprozeß unbedingt der Vorrang zu geben ist, gleichgültig, ob dadurch die Werkzeuge und Aufspannvorrichtung teuer werden.

Da aber der wirtschaftliche Erfolg bei allem Arbeiten der allein maßgebende Gesichtspunkt ist, so ist stets vorher eine Rentabili-

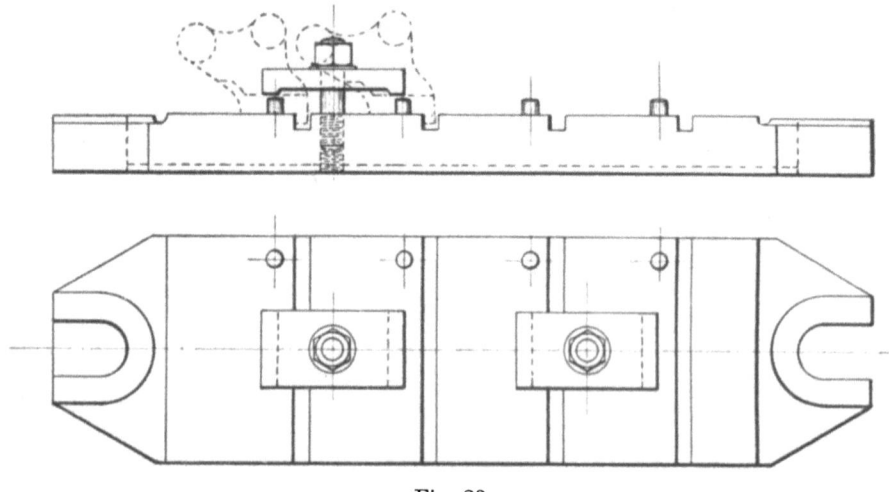

Fig. 23.

tätsberechnung anzustellen, um sich über den Nutzen einer etwaigen Vorrichtung von vornherein im klaren zu sein. Freilich ist hierbei das erstrebenswerte Ziel eine durchgreifende Spezialisierung im Fabrikat, um dadurch die Möglichkeit zu erhalten, wenig verschiedene Teile aber von um so größerer Stückzahl zu erhalten.

Vergleichende Arbeitsmethoden.

Wie in den früheren Kapiteln angedeutet ist, wird es nicht immer ganz leicht sein, die richtige und in dem einzelnen Fall beste Fabrikationsmethode anzuwenden, denn es kommt nicht allein darauf an, das Fabrikat entsprechend seinem Verwendungs-

Vergleichende Arbeitsmethoden. 53

zweck mit geringerer oder größerer Genauigkeit herzustellen, sondern vor allem möglichst billig.

Um nun einmal vor Augen zu führen, wie verschiedenartig der einzuschlagende Weg sein kann, und daß es unter diesen Wegen, wenigstens bei entsprechender Stückzahl der zu fabrizierenden Teile, nur einen richtigen gibt, möchte ich mich eines eklatanten Beispiels bedienen.

Wie ich schon in dem Abschnitt über Niedergang älterer Betriebe gesagt habe, hängt viel von der richtigen Anwendung der Werkzeugmaschinen ab. Dort handelt es sich aber nur um ein

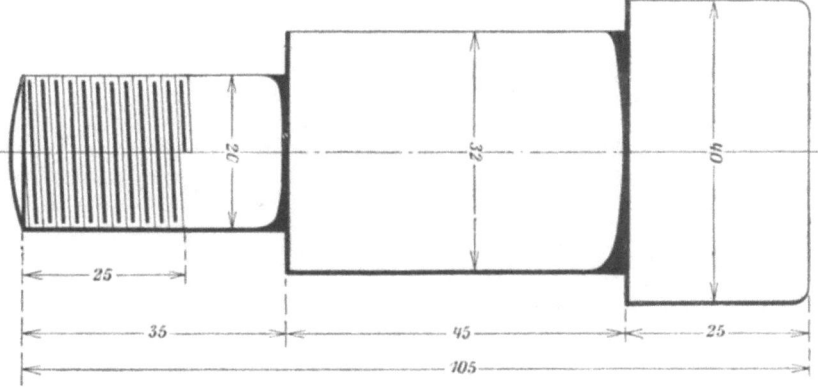

Fig. 24.

und dieselbe Art von Werkzeugmaschinen, nämlich normale Drehbänke, hier dagegen kommen andere Arbeitsmethoden in Frage.

Als Beispiel möchte ich unter Anlehnung an eine Broschüre der Firma Loewe einen von der Stange herzustellenden Bolzen, der sich nach einem Ende zu verjüngt und an dem schwächsten Ende Gewinde trägt, wählen. Die Fig. 24 zeigt das Stück in natürlicher Größe.

Als Einheit soll angenommen werden, daß 100 Bolzen in 10 Stunden herzustellen sind, und es soll untersucht werden, welche Fabrikationsmethode als die rationellste in Anwendung kommt. Es stehen zu dem Zweck drei Maschinenarten zur Verfügung: Drehbank, Revolverbank, Revolverautomat.

Zur Bearbeitung auf der Drehbank sind noch zwei Hilfsmaschinen erforderlich, nämlich eine Abstechbank (Fig. 25) und

eine Zentriermaschine (Fig. 26) zum Anbohren der Körnerspitzen. Die notwendige Leitspindelbank veranschaulicht Fig. 27. Es ergibt sich nun, daß
    a) die Abstechbank $2^1/_2$ Stunden arbeiten muß,
    b) die Zentriermaschine $1^1/_2$ Stunden,
    c) die Leitspindelbank 66 Stunden,
mithin würden allein 7 Leitspindelbänke gebraucht werden, was

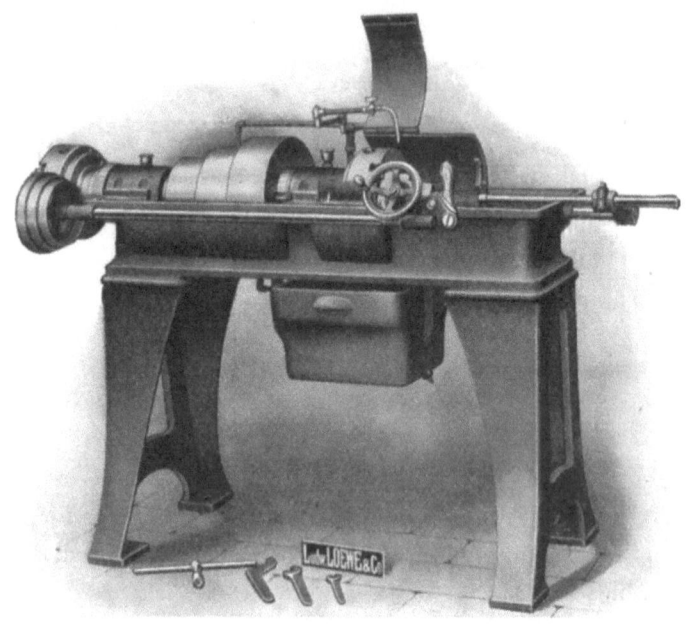

Fig. 25.

für das Anlagekapital und seine Amortisation sehr stark in die Wagschale fällt. Die Aufstellung ergibt, daß zur Anfertigung von 100 Bolzen bei Anwendung dieser Methode 70 Stunden, mithin 7 gelernte Arbeiter innerhalb 10 Stunden erforderlich sind.

    Bei der Fabrikation mit Hilfe der Revolverbank (Fig. 28) fallen die Abstechbank und die Zentriermaschine fort, da diese Operationen von der Maschine selbst ausgeführt werden und die Stange nicht erst zerschnitten werden muß, sondern in die Hohlspindel der Maschine eingesteckt wird.

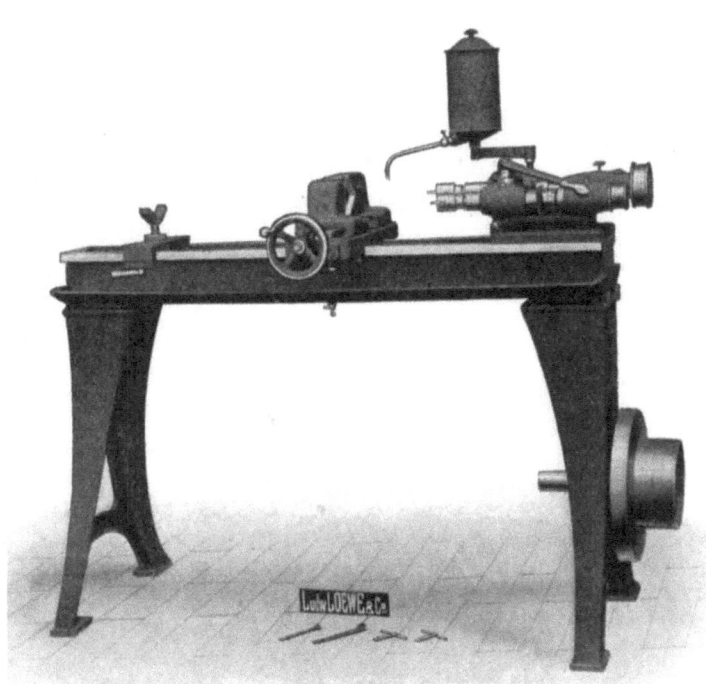

Fig. 26.

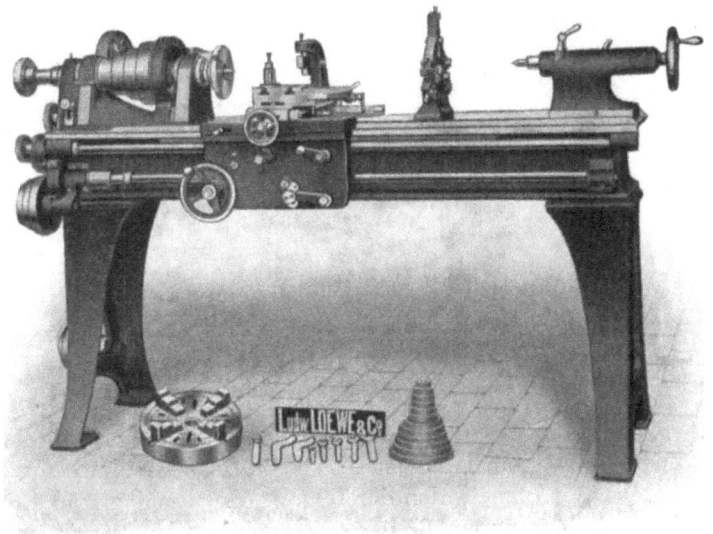

Fig. 27.

56 Vergleichende Arbeitsmethoden.

Die Revolverbank ist aber auch nicht in der Lage, das Quantum von 100 Bolzen in 10 Stunden zu schaffen, sondern benötigt hierzu 14 Stunden, d. h. 1,4 gelernte Arbeiter.

Die dritte Möglichkeit zur Fabrikation dieses Teiles liegt in der Anwendung einer automatischen Revolverdrehbank (Fig. 29). Diese ist imstande, die gewünschte Anzahl der vorbezeichneten Bolzen in 10 Stunden fertigzustellen, wofür jedoch nur $^1/_5$ Mann

Fig. 28.

Bedienung erforderlich ist, da ein Mann 5 Maschinen nebeneinander bedienen kann.

Zusammengestellt ergibt sich, daß
bei der ersten Methode für 70 Std. Lohn bezahlt werden muß,
„ „ zweiten „ „ 14 „ und
„ „ dritten „ „ 2 „

Zu diesem Ergebnis ist jeweils der notwendige Aufschlag für Unkosten und Amortisation der Maschine zuzuschlagen und darf bei Methode 3 naturgemäß nicht mit zwei Stunden Maschinenzeit

Vergleichende Arbeitsmethoden.

Fig. 29.

gerechnet werden, sondern auf die zwei Lohnstunden ist entsprechend den 10 Stunden Maschinenarbeit ein 5fach höherer, als der normale, Aufschlag zu machen, denn die Maschine arbeitet tatsächlich 10 Stunden. Allerdings liegt es trotzdem ohne weiteres auf der Hand, daß der dritten Methode der Vorzug zu geben ist.

Liefertermine und Akkorde.

Neben der rationellen und möglichst billigen Fabrikation ist eine richtige Bemessung der Akkorde, sowie die exakte Innehaltung der Lieferungstermine das Haupterfordernis, um die Kundschaft in jeder Beziehung zu befriedigen und somit gute Geschäfte zu machen. Vielfach habe ich aber gesehen, daß beiden Punkten in den Fabriken nicht genügende Beachtung geschenkt wird.

Häufig hört man auch die Arbeiter von einem guten und einem schlechten Akkord sprechen. Bei dem sogenannten guten Akkord werden die Maschinen nicht genügend ausgenutzt und infolgedessen wird unrentabel gearbeitet, weil der Arbeiter langsamer arbeiten wird, um den Akkord nicht als guten erkennen zu lassen. Der schlechte Akkord wird dagegen vom Arbeiter mit Vorliebe zwischen gute Akkorde zwischengeschoben, damit er sich sozusagen von dem schlechten Verdienst wieder erholen kann.

Das beste Mittel, gute und schlechte Akkorde zu beseitigen, kann in der Anwendung einer graphischen Methode gesehen werden, denn diese zeigt alle Schwankungen klar und deutlich.

Die vorteilhafteste Grundlage, um solche Akkorde graphisch aufzuzeichnen, ist die Lohnsumme bezogen auf die bearbeitete Fläche. Der Dreher oder Hobler hat stets Flächen zu bearbeiten, gleichgültig ob diese Flächen in einer Ebene liegen oder sonstwie geformt sind. Man kann daher nach den vorhandenen Akkordsätzen sehr wohl eine große Anzahl von Arbeitsstücken auf die für eine bestimmte Menge von Quadratzentimetern gezahlten Löhne untersuchen, um so einen Einheitspreis festzusetzen.

Selbstverständlich kann für die einzelnen Flächen je nach ihrer Form nicht der gleiche Grundpreis pro Quadratzentimeter gezahlt werden, sondern derselbe muß nach der Schwierigkeit der zu bearbeitenden Fläche variieren und außerdem muß er je nach den zur Verwendung kommenden Arbeitsmethoden und des zu bearbeitenden Materials verschieden sein.

Einen Grundpreis für den zu bearbeitenden Quadratzentimeter möchte ich hier nicht angeben, da derselbe in den einzelnen Betrieben wohl schwankend sein wird und muß; aber nachdem einmal ein solcher Grundpreis zum Beispiel für einen Quadratzentimeter Gußeisen festgesetzt ist und die prozentualen Erhöhungen oder Verminderungen dieses Grundpreises bei Bearbeitung von gebogenen Flächen, bei der Verwendung einer Revolverbank anstatt einer Leitspindelbank, oder für Messing, Hartguß oder Stahlguß bestimmt sind, dann ist von vornherein ein für allemal jede Streitigkeit mit dem Arbeiter wegen des zu zahlenden Akkordes ausgeschlossen und es kann in Zukunft nicht mehr von einem guten oder schlechten Akkord gesprochen werden.

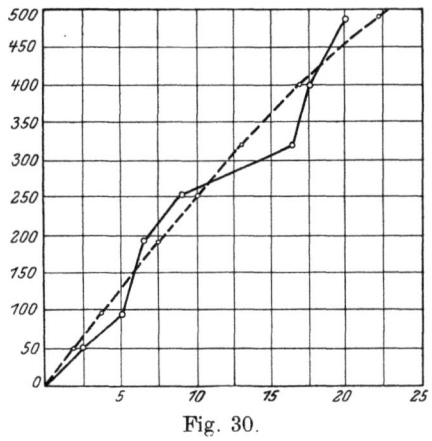

Fig. 30.

Die Fig. 30 zeigt ein Schaubild, in welchem auf der Horizontalen der zu zahlende Preis in Pfennigen ausgedrückt ist, in der Vertikalen hingegen die zu bearbeitenden Quadratzentimeter aufgetragen sind. Man erkennt sofort die Zickzackbewegung der Kurve und das nicht gleichmäßige proportionale Ansteigen des Akkordpreises. Diese Kurve müßte vielmehr in der Art der punktiert gezeichneten Linie verlaufen, woraus sofort zu ersehen ist, daß hier die Akkorde richtig sein müssen.

Ein wesentliches Hilfsmittel zur Durchführung der einmal festgelegten Akkorde und gleichzeitig einer den Verhältnissen der jeweiligen Maschine angepaßten Schnittgeschwindigkeit kann in der Anwendung von Geschwindigkeitstabellen für jede einzelne Werkzeugmaschine gesehen werden. Hier ist nur der zu drehende Durchmesser des Arbeitsstückes in zwei Grenzen, zum Beispiel 60—70 oder 70—80 mm anzugeben und für diesen Durchmesser die betreffende Stufe der Stufenscheibe, auf welcher sich der Riemen befinden muß, und ob mit oder ohne Rädervorgelege gearbeitet werden soll.

Bei Drehbänken mit Einscheibenantrieb wird die entsprechende Hebelstellung verzeichnet. Naturgemäß muß auch hier wieder ein Unterschied gemacht werden zwischen den zu bearbeitenden Materialien, was auf einer derartigen Tabelle in gesonderten Rubriken leicht eingetragen sein kann. Solche Tabellen können im Format von etwa 200×300 mm auf Pappe gezogen und lackiert an jeder Werkzeugmaschine befestigt werden.

Aus den zu zahlenden Akkorden kann ferner ohne weiteres zurückgeschlossen werden auf die für jede Kommission oder Maschine oder Apparat aufzuwendende Fabrikationsdauer und somit auf den Liefertermin.

Die Liefertermine einzuhalten ist aber eines der wichtigsten Momente um die Kundschaft dauernd zu befriedigen; leider aber kranken erfahrungsgemäß fast sämtliche Fabriken an dem Übelstand, daß die Liefertermine nicht pünktlich eingehalten werden. In den meisten Fällen fehlt es an einer geeigneten Übersicht, aus welcher ohne weiteres der Beschäftigungsgrad der einzelnen Abteilungen hervorgeht. Man muß also ein Mittel an Hand haben, um sowohl die Belastung der einzelnen Werkzeugmaschinen zu erkennen und ferner ein Schema, aus welchem das Ineinandergreifen, der für die einzelnen Kommissionen auszuführenden Arbeiten, der verschiedensten Werkstätten hervorgeht, um ständig kontrollieren zu können, wie weit die Arbeiten vorangeschritten sind und ob diese oder jene Abteilung den eingegangenen Liefertermin einhalten kann und wird.

Wie hier am besten zu verfahren ist, und welche Vordrucke vorteilhaft anzuwenden sind, will ich an einem Beispiel versuchen zu erläutern.

Jede Abteilung bekommt einen Vordruck gemäß Fig. 31; in diesem ist vorn links die Nummer der betreffenden Maschine oder in Schlosserei, Montage und Gießerei die des Arbeiters von Hand eingetragen und außerdem sind für jeden Monat im Jahre eine entsprechende Anzahl von Rubriken vorgesehen.

Erhält nun ein Meister seine Kommission, so überlegt er sofort, welche der einzelnen Werkzeugmaschinen mit den von ihm auszuführenden Arbeiten zu belegen sind und wieviel Tage jede Maschine für die einzelne Kommission gebrauchen wird. Er

Liefertermine und Akkorde. 61

trägt nun mit einem Blei- oder Buntstift für jede Werkzeugmaschine in die Rubrik ein Rechteck und die dazu gehörige Kommissionsnummer ein, welches bis zu dem Tage reicht, an dem die Arbeit von der Maschine fertig herunterkommen muß.

Da nun der betreffende Meister schon früher, für die vorher eingegangenen Kommissionen, solche Zeiten für die einzelnen Werkzeugmaschinen reserviert hat, so ersieht er klar aus seinen Aufzeichnungen, welche Maschinen am ehesten frei werden und wird er diesen Maschinen dann die neue Arbeit zuteilen.

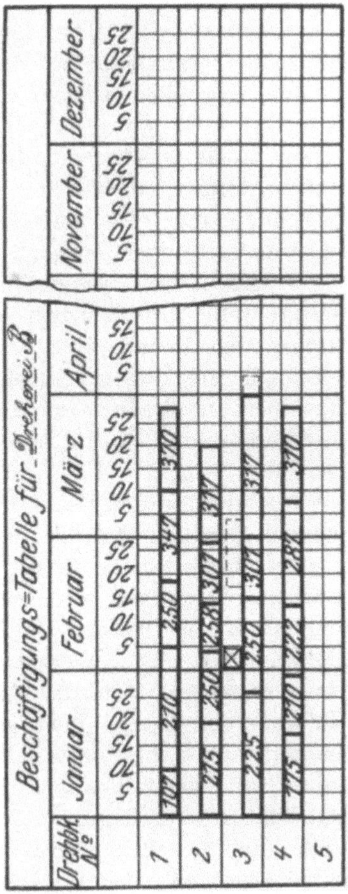

Ist der Arbeitswechsel auf den Maschinen ein häufiger, d. h. die Arbeitszeiten kürzer, so wird man vorteilhaft einen Vordruck anwenden, welcher nicht nur von fünf zu fünf Tagen eingeteilt ist, sondern welcher für jeden einzelnen Tag im Monat eine Rubrik aufweist. Ist nun die betreffende Kommission in Arbeit genommen, so macht der Werkstattschreiber oder Meister selbst einen Diagonalstrich durch das Rechteck von links unten nach rechts oben und ist die Arbeit weiter vorangeschritten, so werden entsprechend der geleisteten resp. fertigen Arbeit eine Anzahl von Strichen in entgegengesetzter Richtung durch das Rechteck gezogen.

Fig. 31.

Nun ersehen wir aus den Eintragungen in dem Vordruck, daß die Drehbank Nr. 3 bei Kommission 250 aus irgendeinem Grunde 2—3 Tage verloren hat. Sei es, daß die Maschine durch irgendeinen Umstand vorübergehend unbrauchbar geworden ist, daß der betreffende Mann gefehlt hat oder dergleichen, so wird der Eintragende durch ein kleines Quadrat und Kreuz dies in der Liste vermerken. Sofort wird alsdann der Liefertermin für Kommission 301 und Kommission 317 gleichfalls um zwei oder drei Tage verlängert werden müssen, wie aus der Eintragung ersichtlich ist.

Es kann also mit Hilfe eines derartigen Schemas jede Kommission von vornherein auf die einzelnen Maschinen leicht verteilt und vor allen Dingen ihr Liefertermin richtig bestimmt werden.

Diese Liefertermine müssen nun auf eine größere Tafel aufgetragen werden, auf welcher sie für sämtliche Werkstätten usw. verzeichnet sind. Die folgende Fig. 32 zeigt diesen Vordruck, und zwar ist für jede einzelne Kommission ein solcher Vordruck zu verwenden, nur müssen sie in der notwendigen Größe angefertigt werden, je nachdem wie lang im allgemeinen die Lieferfristen in der Fabrik sind.

Es sind aus diesem Grunde auch in jeder Rubrik 31 Tage vorgesehen und die Monatsnamen von Hand darübergeschrieben. Die Sonntage und die im Monat fehlenden Tage werden durchgestrichen.

Wir können nun an Hand dieser Tabelle, es ist Kommission 250 behandelt, genau feststellen, wie lange Zeit die Bureaus und die einzelnen Werkstätten für die Ausführung der Kommission gebrauchen. Wir sehen hier wieder das Versäumnis, welches die Drehbank 3 der Dreherei B verursacht hat, nämlich am 1. und 2. Februar hat diese Werkstatt zwei Tage versäumt, infolgedessen verschiebt sich der Liefertermin der Dreherei B vom 9. Februar auf den 11. Februar. Da aber die hier bearbeiteten Teile im wesentlichen noch nach der Schleiferei wandern müssen, konnte, wie gleichfalls aus dem Vordruck hervorgeht, die Schleiferei ihre Arbeit nicht am 7. beginnen, sondern war erst imstande, am 8. Februar mit dem Schleifen anzufangen. Auch hier verzögert sich wieder, wie schon vorauszusehen ist, der Liefertermin um einen Tag.

Genau so wie bei dem vorbeschriebenen Schema, Fig. 31, wird durch das Rechteck ein Diagonalstrich von links unten nach rechts oben gezogen, wenn die Arbeiten begonnen sind und täglich wird, wenn der Fortgang der Arbeiten ein regelmäßiger ist, ein Tag durchgestrichen. Ist aber während der Fabrikation

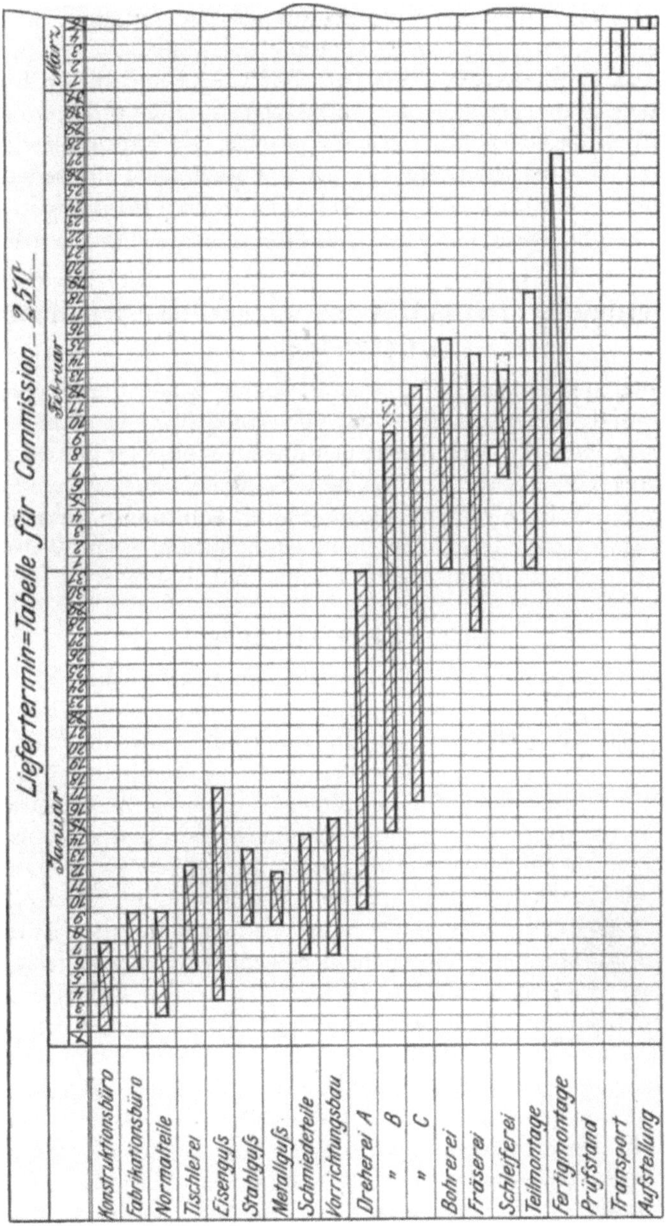
Liefertermin=Tabelle für Commission 250
Januar
Februar
März
Konstruktionsbüro
Fabrikationsbüro
Normalteile
Tischlerei
Eisenguß
Stahlguß
Metallguß
Schmiedeteile
Vorrichtungsbau
Dreherei A
" B
" C
Bohrerei
Fräserei
Schleiferei
Teilmontage
Fertigmontage
Prüfstand
Transport
Aufstellung

Fig. 32.

irgendein Aufenthalt verursacht worden, so wird dies, wie bei Dreherei B unterm 1. und 2. Februar, vermerkt.

Es ist wohl ohne weiteres klar, daß an Hand dieser beiden Übersichten jede Möglichkeit, die Liefertermine prompt einzuhalten und scharf zu kontrollieren gegeben ist, und infolgedessen das Ineinandergreifen der einzelnen Abteilungen ein tadelloses sein muß, denn auch der geringste Fehler und jedes kleine Versäumnis wird sofort von der Betriebsleitung bemerkt werden.

Anfertigung und Aufbewahrung der Konstruktionszeichnungen.

Einer der wichtigsten, ja man könnte sagen der wichtigste Bestandteil einer Fabrik sind die Konstruktionszeichnungen. Trotzdem wird in vielen Betrieben diesem wichtigen Faktor nicht die notwendige Sorgfalt und Aufmerksamkeit entgegengebracht. Ich will daher hierunter einige Punkte aufführen, deren Beachtung bei der Anfertigung und Aufbewahrung der Konstruktionszeichnungen von großem Vorteil sind.

Äußeres der Zeichnungen.

Der Ordnung und der bequemeren Aufbewahrung halber sollen die Zeichnungen in gewissen Abstufungen gleichmäßig groß sein. Die Maße dieser Größen werden vorteilhaft in Abhängigkeit von den im Handel erhältlichen Papierbreiten gewählt.

Bei der Feststellung dieser Maße ist von dem größten Bogen, der für das Bureau notwendig ist, auszugehen und alsdann sind die Maße zu halbieren, so daß man z. B. Größen von 1000×700, 700×500, 500×350, 350×250 mm erhält. Sollten ausnahmsweise größere Zeichnungen erforderlich werden, so ist jedenfalls darauf zu achten, daß die Höhe der Zeichnung, in dem genannten Beispiel 700 mm nicht überschritten wird. Die Einhaltung des Höhenmaßes ist für die Aufbewahrung der Zeichnungen wichtig.

Jede Zeichnung ist in Tusche auszuziehen. Die Zeichnung erhält einerseits hierdurch ein fertiges Aussehen und andererseits werden die Kopien, Blau- und Weißpausen, wesentlich besser. Schlechte resp. unleserliche Pausen geben aber in der Werkstatt zu den größten Schwierigkeiten und Fehlern Veranlassung. Die Maßzahlen sind mit der Feder zu schreiben, hingegen sollen die

Positionszahlen mit Schablonen ausgeführt werden, um eine Verwechslung zwischen Maß- und Positionszahlen nicht eintreten zu lassen.

Vorteilhaft kann das Pauspapier in den festgelegten Zeichnungsgrößen beschafft werden und alsdann einen Aufdruck der Firma, der Stückliste usw. von vornherein erhalten. Durch diese Maßnahme wird z. B. die Arbeit der Anfertigung der Stücklistenschemata und ein Teil der notwendigen Beschreibung jeweils gespart. Man kann auch bei solchen Bogen den Namen der Firma ganz leicht quer durch das ganze Blatt hindurchdrucken lassen, so daß auf der Blau- oder Weißpause die Firma gerade eben noch erscheint. Werden aber nicht vorgedruckte Pauspapierbogen verwendet, so sollte jedenfalls mittels einer Schablone der Vordruck zu den Stücklisten hergestellt werden, damit die Stücklisten auf sämtlichen Zeichnungen einheitlich erscheinen und auch die Schreib- und Zeichenarbeit für das Anfertigen dieser Überschriften gespart wird, sowie die Firma mittels großen Gummistempels aufgedruckt werden.

Falls den Konstrukteuren zu wenig Zeit zum Anfertigen der Pausen bleiben sollte, ist die Einstellung von besonderen Pausern zu empfehlen, und zwar sollen solche Leute stets mit denselben Konstrukteuren zusammenarbeiten, damit sie sich gegenseitig einarbeiten, wie es ja auch selbstverständlich ist, daß jeder Konstrukteur stets wieder das gleiche Gebiet bearbeitet.

Nicht unwesentlich ist ein Hinweis auf den anzuwendenden Maßstab. Der vielfach gebrauchte Maßstab von $1:2$ ist zu verwerfen, weil unser Auge dieses Verhältnis nicht exakt erkennen kann. Erfahrungsgemäß kommen bei dem Maßstab von $1:2$ die meisten Fehler in der Dimensionierung vor. Folgende Maßstäbe sind nur zu verwenden: $1:1$, $1:2,5$, $1:5$, $1:10$, $1:25$, $1:50$, $1:100$.

Jede Zeichnung muß außerdem einen genauen Vermerk darüber erhalten, von wem dieselbe konstruiert, gepaust und kontrolliert ist und an welchem Datum.

Das Normalienbureau.

Bevor eine Zeichnung fertiggestellt wird, ist dieselbe nach dem Normalienbureau resp. dem Herrn zu geben, welcher die Normalien bearbeitet. Nachdem hier die erforderlichen Untersuchungen angestellt sind, ob und welche Teile behufs Normalisierung oder rationellerer Fabrikation zu verändern sind, darf die Zeichnung erst fertig gemacht werden. Selbstverständlich hat das Normalienbureau auch auf der Originalpause einen Vermerk über die stattgehabte Revision zu machen. Gerade auf die Einhaltung dieser Vorschrift ist mit größter Sorgfalt zu achten.

Registratur und Aufbewahrung der Zeichnungen.

In jedem Fabrikbetriebe sammeln sich im Laufe der Jahre naturgemäß eine große Anzahl von Zeichnungen an und falls eine praktische Registratur nicht vorhanden ist, ist die Schwierigkeit im Auffinden der Zeichnungen sehr groß.

Es kommt nicht selten vor, daß nur ein einziger der Angestellten mit den Zeichnungen Bescheid weiß, und falls der betreffende Mann krank ist, wird viel Zeit durch das Aufsuchen der Zeichnungen vergeudet.

Als äußerst praktisch hat sich die Einteilung der Konstruktionen in Gruppen oder Klassen bewährt, und in diesen Klassen findet alsdann eine fortlaufende Numerierung der Zeichnungen statt. Hierbei soll eine Trennung der Konstruktionen in möglichst viel Gruppen vorgenommen werden, und empfehle ich daher nicht eine einzige Bezeichnung für z. B. Automobilmotore zu wählen, sondern eine Teilung in Zylinder und seine Einzelteile, Kurbelgehäuse und seine Einzelteile, Vergaser, Regulator, elektrische Armaturen usw. usw. vorzunehmen. Je größer die Detaillierung ist, um so leichter wird die einzelne Konstruktion gefunden werden können.

Selbstverständlich müssen auch die Normalteile wieder in Klassen geteilt werden. Die Bezeichnung der Klassen erfolgt am besten durch Buchstaben und die Numerierung in den einzelnen Klassen fortlaufend durch arabische Ziffern. Die Zeichnungen werden nun in Schränken mit vielen Schubfächern geordnet und an jedem Schubfach befindet sich die Klassenbezeichnung und wenn das Fach voll ist, die Nummern z. B. 1—50, 51—100 usw.

Die Kästen der Schränke sollen etwas größer sein, wie die größte Normalzeichnung, damit keine Zeichnung geknickt zu werden braucht. Für jede Zeichnung ist sodann eine Kartothekkarte anzulegen und zwar vorteilhaft gemäß dem hier veranschaulichten Vordruck (Fig. 33).

Zeichnung: Klasse	Nr.	
Bezeichnung:		
Verwendung:		
Konstruiert	gebr. Zeit	Mark:
Gepaust	,, ,,	
Normalisiert	,, ,,	
Kontrolliert	,, ,,	
Unkosten-Zuschlag		
Berlin, den	Zeichnung Wert	Mark:

Fig. 33.

Die erste Karte enthält die Angaben über die gebrauchten Zeiten des Konstrukteurs, des Pausers, des Kontrolleurs und des Normalienbureaus, damit man den Preis jeder einzelnen Zeichnung feststellen kann, was einerseits für die Inventur sehr wesentlich ist, andererseits aber auch den Wert der einzelenn Konstruktionen besser veranschaulicht. Diese Berechnung findet aber nur auf der ersten Karte statt, welche sich in derjenigen Kartothek befindet, die sich beim technischen Direktor oder Chef befindet.

Außerdem werden noch drei weitere Karten ausgefüllt, welche sich jeweils bei dem Aufbewahrungsort der Zeichnungen befinden. Es sollen nämlich die Originalpausen im technischen Bureau verbleiben, damit sie behufs weiterer Ausbildung der Konstruktionen oder Umänderung oder bei Anfertigung von Hilfskonstruktionen stets zur Hand sind.

Die erste Kopie der Zeichnung wandert in den Betrieb und wird hier in der Werkstatt-Zeichnungsausgabe aufbewahrt und

5*

ständig zur Fabrikation gebraucht. Selbstverständlich werden hier die Zeichnungen nur gegen Marke ausgegeben und können vorteilhaft an den einzelnen Kästen, in welchen sich die Zeichnungen befinden, die Kontrollmarken der Arbeiter angeheftet werden. Die zweite Pause ist in einem feuersicheren Raum aufzubewahren, denn bei einem ausbrechenden Brande würde mit der Vernichtung der Zeichnungen unter Umständen der ganze Fabrikbetrieb lahmgelegt werden, und es kann daher nicht genug auf die Wichtigkeit der Befolgung dieser Maßnahme hingewiesen werden.

Anfertigung der Pausen.

Wie häufig beobachtet worden ist, wird mit den Konstruktionen Mißbrauch getrieben, und es ist daher streng darüber zu wachen, daß die Möglichkeit, unrechtmäßigerweise Pausen für den Privatgebrauch anzufertigen, beschränkt wird.

```
Von der Zeichnung
              Klasse ............ Nr. ............
Bezeichnung     ........
..................
  ist, sind ...
        ........ der Größe  ...................... anzufertigen
  für..........................
Berlin, den ...........................
```

Fig. 34.

Zu diesem Zwecke muß für die Anfertigung einer Pause, gleichgültig ob blau oder weiß, eine Bescheinigung des Bureauvorstehers oder technischen Direktors beigebracht werden, und zwar ist darauf zu achten, daß der ganze Bestellschein (Fig. 34), von dem betreffenden Herrn persönlich handschriftlich ausgefüllt wird. Es sollen auch nicht etwa die Worte „Blaupause" oder „Weißpause" vorgedruckt sein, sondern diese Worte sind von Hand zu schreiben.

Anfertigung der Pausen.

Damit auch über die ausgeschriebenen Bestellzettel eine Kontrolle stattfinden kann, werden vorteilhaft Durchschreibebücher angewendet mit fortlaufender Numerierung der Seiten. Das Kopierpapier soll nun ferner auf die normalen Größen geschnitten im kaufmännischen Bureau aufbewahrt werden, und der Lichtpauser geht mit dem ausgefüllten Bestellschein zum kaufmännischen Bureau und fordert hier die auf den einzelnen Zetteln vermerkte Anzahl von Größen an.

Durch eine derartige Maßnahme wird die Möglichkeit, Kopien der Zeichnungen unrechtmäßig anzufertigen, auf das kleinstmöglichste Minimum beschränkt.

Die Vorteile einer derartigen Bureauordnung sind: größere Ordnung innerhalb der Zeichnungen, leichte Auffindbarkeit derselben und Sicherung des in den Zeichnungen investierten Kapitals.

Druck der Spamerschen Buchdruckerei in Leipzig.

Verlag von Julius Springer in Berlin.

Die Werkzeugmaschienen und ihre Konstruktionselemente.
Ein Lehrbuch zur Einführung in den Werkzeugmaschinenbau. Von **Fr. W.** Hülle, Ingenieur, Oberlehrer an der Kgl. höheren Maschinenbauschule in Stettin. Zweite, verbesserte Auflage. Mit 590 Textfiguren und 2 Tafeln.
In Leinwand gebunden Preis M. 10.—.

Schnellstahl und Schnellbetrieb im Werkzeugmaschinenbau.
Von Ingenieur **Fr. W. Hülle.** Mit 256 Textfiguren. Preis M. 5.—.

Aufgaben und Fortschritte des deutschen Werkzeugmaschinenbaues.
Von **Friedrich Ruppert**, Oberingenieur. Mit 398 Textfiguren. In Leinwand gebunden Preis M. 6.—.

Die Schleifmaschine in der Metallbearbeitung.
Von H. Darbyshire. Autorisierte, deutsche Bearbeitung von G. L. S. Kronfeld. Mit 77 Textfiguren. In Leinwand gebunden Preis M. 6.—.

Über Dreharbeit und Werkzeugstähle.
Autorisierte deutsche Ausgabe der Schrift: „On the art of cutting metals" von **Fred. W. Taylor**, Philadelphia. Von **A. Wallichs**, Professor an der Techn. Hochschule zu Aachen. Mit 119 Fig. In Leinwand geb. Preis M. 14.—.

Die Betriebsleitung insbesondere der Werkstätten.
Autorisierte deutsche Ausgabe der Schrift: „Shop management" von **Fred. W. Taylor**, Philadelphia. Von **A. Wallichs**, Professor an der Technischen Hochschule zu Aachen. Mit 6 Figuren und 2 Zahlentafeln. In Leinwand gebunden Preis M. 5.—.

Moderne Arbeitsmethoden im Maschinenbau.
Von John T. Usher. Autorisierte deutsche Bearbeitung von A. Elfes, Ingenieur. Dritte, verbesserte und erweiterte Auflage. Mit 315 Textfiguren. In Leinwand gebunden Preis M. 6.—.

Die Gesamtorganisation der Berlin - Anhaltischen Maschinenbau - Aktien - Gesellschaft.
Von Ingenieur **Richard Blum**, Direktor der Bamag. Preis M. 1.50.

Zu beziehen durch jede Buchhandlung.

Verlag von Julius Springer in Berlin.

Selbstkostenberechnung im Maschinenbau. Zusammenstellung und kritische Beleuchtung bewährter Methoden mit praktischen Beispielen von Dr.-Ing. **Georg Schlesinger**, Professor an der Kgl. Technischen Hochschule zu Berlin. Mit 110 Formularen.
In Leinwand gebunden Preis M. 10.—.

Fabrikorganisation, Fabrikbuchführung und Selbstkostenberechnung der Firma Ludw. **Loewe & Co., A.-G., Berlin**. Mit Genehmigung der Direktion zusammengestellt und erläutert von **J. Lilienthal**. Mit einem Vorwort von Dr.-Ing. Georg Schlesinger, Professor an der Technischen Hochschule zu Berlin. Zweiter, berichtigter Abdruck. In Leinwand gebunden Preis M. 10.—.

Selbstkostenberechnung für Maschinenfabriken. Im Auftrage des Vereines Deutscher Maschinenbau-Anstalten, bearbeitet von **J. Bruinier**. Preis M. 1.—.

Der Fabrikbetrieb. Praktische Anleitung zur Anlage und Verwaltung von Maschinenfabriken und ähnlichen Betrieben sowie zur Kalkulation und Lohnverrechnung. Von **Albert Ballewski**. Zweite, verbesserte Auflage. Preis M. 5.—; in Leinwand gebunden M. 6.—.

Werkstättenbuchführung für moderne Fabrikbetriebe. Von **C. M. Lewin**, Dipl.-Ing. In Leinwand gebunden Preis M. 5.—.

Die Inventur. Aufnahmetechnik, Bewertung und Kontrolle. Für Fabrik- u. Warenhandelsbetriebe dargestellt von **Werner Grull**, Beratender Ingenieur, Erlangen. Mit zahlreichen Formularen.
Preis M. 6.—; in Leinwand gebunden M. 7.—.

Die Wertminderungen an Betriebsanlagen in wirtschaftlicher, rechtlicher und rechnerischer Beziehung (Bewertung, Abschreibung, Tilgung, Heimfallast, Ersatz und Unterhaltung). Von **Emil Schiff** (Berlin). Preis M. 4.—; in Leinwand gebunden M. 4.80.

Fabrikschulen. Eine Anleitung zur Gründung, Einrichtung und Verwaltung von Fortbildungsschulen für Lehrlinge und jugendliche Arbeiter. Von **Curt Kohlmann**. Preis M. 3.60.

Zu beziehen durch jede Buchhandlung.

MIX
Papier aus verantwortungsvollen Quellen
Paper from responsible sources
FSC® C105338

If you have any concerns about our products,
you can contact us on
ProductSafety@springernature.com

In case Publisher is established outside the EU,
the EU authorized representative is:
**Springer Nature Customer Service Center GmbH
Europaplatz 3, 69115 Heidelberg, Germany**

Printed by Libri Plureos GmbH
in Hamburg, Germany